目 次

1

正の数と負の数①

0より小さい数を考えよう

解説動画も
チェック!

✔チェックしよう！

 正の数と負の数

覚えよう ＋3や＋7.5のような0より大きい数を正の数といい，正の符号
＋（プラス）をつけて表すことがある。また，−2や−4.8のような
0より小さい数を負の数といい，負の符号−（マイナス）をつけて表す。
0は正の数でも負の数でもない。

整数の分類

整数には，正の整数，0，負の整数がある。

整数
……, −3, −2, −1, 0, 1, 2, 3, ……

負の整数　　　　　正の整数

覚えよう 正の整数を自然数という。

数の世界が広がるよ。

確認問題

1 正の数と負の数　次の数を，＋，−の符号をつけて表しましょう。

(1) 0より9小さい数　　　　　　(2) 0より2.5大きい数

2 正の数と負の数　次のことがらを，[　　]内のことばを使って表しましょう。

(1) 8個少ない　[多い]　　　　　(2) 4℃高い　[低い]

3 数の分類　次の数について，問いに答えましょう。

$$5 \quad -0.2 \quad \frac{2}{3} \quad -4 \quad +1.8 \quad -7 \quad +12 \quad 0$$

(1) 負の数をすべて選びましょう。

(2) 整数をすべて選びましょう。

(3) 自然数をすべて選びましょう。

0は正でも負でも
ない整数だね。

1 正の数と負の数　次の数を，＋，－の符号をつけて表しましょう。

(1)　0 より $\frac{5}{3}$ 大きい数

(2)　0 より 0.25 小さい数

2 正の数と負の数　次のことがらを，[　　]内のことばを使って表しましょう。

(1)　25 人の増加　[減少]

(2)　300m 南　[北]

(3)　−1000 円の支出　[収入]

(4)　−50m 長い　[短い]

3 数の分類　次の数について，問いに答えましょう。

$$-\frac{1}{2} \quad -2.8 \quad +0.04 \quad -2 \quad +6 \quad -11 \quad 9 \quad 0 \quad +1 \quad 0.4$$

(1)　正の数をすべて選びましょう。

(2)　整数をすべて選びましょう。

(3)　自然数をすべて選びましょう。

↗ ステップアップ

4 次の問いに答えましょう。

(1)　下の数直線上で，A 〜 D に対応する数を答えましょう。

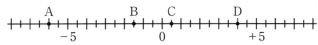

(2)　次の A 〜 D の数に対応する点を，下の数直線上にしるしましょう。

　A　−6　　B　−2.5　　C　＋1　　D　＋5.5

2 正の数と負の数②
絶対値と数の大小

☑ チェックしよう！

解説動画も
チェック！

📈 絶対値

👆 覚えよう　数直線上で，原点からその数までの距離を，その数の絶対値という。
絶対値は，その数から＋，－の符号をとった値で，0の絶対値は0である。
絶対値が□（□は0でない数）になる数は，＋□と－□の2つがある。

📈 数の大小

✌ 覚えよう　正の数は負の数より大きい。
また，正の数は0より大きく，絶対値が大きいほど大きい。
負の数は0より小さく，絶対値が大きいほど小さい。

わからなければ，
数直線をかいて考えるよ！

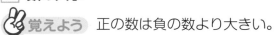

確認問題

👆 **1** 絶対値　次の数の絶対値を答えましょう。

(1)　-8　　　　　(2)　$+\dfrac{3}{4}$　　　　　(3)　-0.7

(4)　-18　　　　　(5)　$+0.01$　　　　　(6)　$+\dfrac{16}{9}$

👆 **2** 絶対値　絶対値が次のような数を答えましょう。

(1)　3　　　　　(2)　12　　　　　(3)　0.5

✌ **3** 数の大小　次の2つの数の大小を，不等号を使って表しましょう。

(1)　$+4,\ -2$　　　　　(2)　$-7,\ 0$

負の数どうしの
ときは注意だよ。

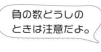

(3)　$-5,\ -9$　　　　　(4)　$-2,\ -1$

1 絶対値　次の数の絶対値を答えましょう。

(1)　−5

(2)　−1.2

(3)　+2.4

(4)　0

(5)　$-\dfrac{10}{7}$

(6)　10.8

2 絶対値　絶対値が次のような数を答えましょう。

(1)　15

(2)　$\dfrac{2}{5}$

(3)　0

(4)　0.03

(5)　$\dfrac{7}{12}$

(6)　2.7

3 数の大小　次の数の大小を，不等号を使って表しましょう。

(1)　−6，+1

(2)　+4，−3

(3)　−0.8，−1.1

(4)　-2，$-\dfrac{5}{2}$

(5)　-0.7，$-\dfrac{2}{3}$，0

(6)　$-\dfrac{4}{5}$，$-\dfrac{7}{8}$，-1

↗ ステップアップ

4 次の問いに答えましょう。

(1)　絶対値が2以下の整数をすべて答えましょう。

(2)　絶対値が4以下の整数の個数を答えましょう。

(3)　絶対値が3より大きく，7より小さい整数をすべて答えましょう。

3 加法と減法①

正負の数の加法と減法を考えよう

解説動画も
チェック!

✔チェックしよう!

☑ 正の数・負の数の加法

👆覚えよう 同符号の２つの数の和は，２つの数の絶対値の和に共通の符号をつける。

例）　$(+2)+(+4)=+(2+4)=+6$　　$(-3)+(-5)=-(3+5)=-8$

✌覚えよう 異符号の２つの数の和は，２つの数の絶対値の差に，絶対値が大きい方の符号をつける。

例）　$(+4)+(-2)=+(4-2)=+2$　　$(+3)+(-5)=-(5-3)=-2$

☑ 正の数・負の数の減法

🤟覚えよう 正の数・負の数をひくには，符号を変えた数を加える。

例）　$(+4)-(-3)=(+4)+(+3)=+(4+3)=+7$
　　　$(+4)-(+6)=(+4)+(-6)=-(6-4)=-2$

符号を考えてから，
絶対値を計算しよう!

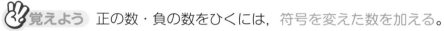

確認問題

1 正負の数の加法　次の計算をしましょう。

 (1)　$(+3)+(+5)$　　　　　　　　 (2)　$(-6)+(-5)$

 (3)　$(+7)+(-3)$　　　　　　　　 (4)　$(+2)+(-5)$

 (5)　$(-10)+(+3)$　　　　　　　(6)　$(-2)+(+8)$

2 正負の数の減法　次の計算をしましょう。

(1)　$(+7)-(+4)$　　　　　　　　(2)　$(-3)-(-10)$

(3)　$(-12)-(-7)$　　　　　　　(4)　$(+8)-(-5)$

ひく数の符号を変えて
たし算するんだね。

(5)　$(-8)-(+2)$　　　　　　　　(6)　$(-3)-(+12)$

1 正負の数の加法　次の計算をしましょう。

(1) $(+14)+(+9)$

(2) $(+12)+(-7)$

(3) $(+2)+(-11)$

(4) $(-8)+(-9)$

(5) $(-13)+(+54)$

(6) $0+(-18)$

(7) $(+16)+(-16)$

(8) $(-43)+(+27)$

2 正負の数の減法　次の計算をしましょう。

(1) $(+17)-(+8)$

(2) $(-4)-(-11)$

(3) $(+15)-(-28)$

(4) $(-17)-(+25)$

(5) $(-25)-(-16)$

(6) $(-21)-(-8)$

(7) $0-(-9)$

(8) $(+11)-(-19)$

📈 ステップアップ

3 次の計算をしましょう。

(1) $(-5.7)+(+1.8)$

(2) $\left(-\dfrac{2}{3}\right)-\left(+\dfrac{5}{3}\right)$

(3) $\left(-\dfrac{11}{12}\right)+\left(-\dfrac{5}{12}\right)$

(4) $(+6.8)-(-12.5)$

加法と減法②
計算のきまりを利用しよう

✔チェックしよう！

覚えよう

- ☑ 加法だけの式 $(+5)+(-12)+(+8)+(-9)$ で，$+5$，-12，$+8$，-9 をこの式の**項**という。

- ☑ 加法と減法の混じった計算は，加法だけの式になおし，正の項，負の項の和をそれぞれ求めて計算する。

- ☑ **加法の計算法則**
  加法の**交換法則**　$○+□=□+○$
  加法の**結合法則**　$(○+□)+△=○+(□+△)$

例）
$$(+5)-(+12)-(-8)+(-9)$$
$$=(+5)+(-12)+(+8)+(-9)$$
$$=(+5)+(+8)+(-12)+(-9)$$
$$=(+13)+(-21)$$
$$=-(21-13)$$
$$=-8$$

これらの法則を利用して，数の順序や組み合わせを変えて計算するよ！

確認問題

 1 加法と減法の混じった計算　次の計算をしましょう。

(1) $(-7)+(+8)-(-5)$

(2) $(+4)-(-9)+(+6)$

(3) $(-1)-(+15)-(-8)$

(4) $(+8)+(-11)-(+9)$

(5) $(+8)-(-5)+0+(-7)$

(6) $(-7)+(-3)-(+5)-(-9)$

 2 加法と減法の混じった計算　次の計算をしましょう。

(1) $-3-8+5$

(2) $7-19+4$

(3) $11-5-6$

(4) $4-7+11$

正の項どうし，負の項どうしをまとめるよ。

(5) $-11+18+9-3$

(6) $10-14-8-3+7$

1 加法と減法の混じった計算　次の計算をしましょう。

(1)　$(-8)+(+21)-(+15)$

(2)　$(+4)-(-1.2)+(-3)$

(3)　$-11+(-19)+18$

(4)　$2-(-3.2)-(+8)$

(5)　$(-5)+2.4-4.3$

(6)　$7-4-9$

(7)　$-4+19-27$

(8)　$4.8-5.7-2.3$

(9)　$-\dfrac{2}{3}+\left(+\dfrac{1}{2}\right)-\dfrac{1}{6}$

(10)　$-\dfrac{1}{2}+\dfrac{5}{6}-\dfrac{3}{4}$

(11)　$-12+27+13+(-14)$

(12)　$108-72-58-17$

(13)　$1.2-2+4.3-2.9$

(14)　$-7.3-5.8+0.48+13.9$

(15)　$\dfrac{7}{12}-\dfrac{4}{3}-\dfrac{1}{6}+\dfrac{1}{4}$

(16)　$-\dfrac{3}{10}+\dfrac{5}{6}-\dfrac{3}{5}+\dfrac{1}{3}$

↗ ステップアップ

2 次の計算をしましょう。

(1)　$-6-(-5-4)$

(2)　$(2.7-4.8)+(-3+2.4)$

(3)　$7-\{15-(-9)\}$

(4)　$-12+\{5-(2-8)\}$

5 乗法と除法①

正負の数の乗法と除法を考えよう

解説動画も
チェック！

✔チェックしよう！

☑ **正の数・負の数の乗法**

👆**覚えよう** 同符号の2つの数の積は，絶対値の積に正の符号をつける。

異符号の2つの数の積は，絶対値の積に負の符号をつける。

例）　$(-2) \times (-5) = +(2 \times 5) = 10$　　　$(+4) \times (-3) = -(4 \times 3) = -12$

✌**覚えよう** いくつかの数の積は，負の数が奇数個…ー（絶対値の積）

負の数が偶数個…＋（絶対値の積）

☑ 同じ数をいくつかかけたものを，その数の累乗といい，指数を使って表す。

🤟**覚えよう** 例）　$(-2) \times (-2) \times (-2) = (-2)^3$ ←指数

※$(-\bigcirc)^2$ と $-\bigcirc^2$ のちがいに注意する。　$(-\bigcirc)^2 = (-\bigcirc) \times (-\bigcirc) = \bigcirc^2$

加減と同じように，符号を考え
てから，絶対値を計算しよう！　　　$-\bigcirc^2 = -(\bigcirc \times \bigcirc) = -\bigcirc^2$

確認問題

1 正負の数の積　次の計算をしましょう。

(1)　$(+2) \times (+7)$　　　　　　　　　(2)　$(-8) \times (-6)$

(3)　$(+4) \times (-9)$　　　　　　　　　(4)　$(-5) \times (-12)$

(5)　$(-1) \times (+1) \times (-2)$　　　　　(6)　$(+6) \times (-2) \times (+9)$

(7)　$(-2) \times (-5) \times (+10)$　　　　(8)　$(-15) \times (+3) \times (+4)$

2 累乗の計算　次の計算をしましょう。

(1)　$(-3)^2$　　　　　　　　　　　　　(2)　$(+5)^3$

(1) は「ー」が2つ，
(3) は「ー」が1つだよ。

(3)　-3^2　　　　　　　　　　　　　　(4)　$(-2)^3$

12

1 正負の数の積　次の計算をしましょう。

(1) $(-16) \times (-12)$

(2) $(+11) \times (-11)$

(3) $(-0.8) \times (-9)$

(4) $(+2.4) \times (-5)$

(5) $(-1.8) \times (+2.5)$

(6) $\left(-\dfrac{2}{3}\right) \times (-9)$

(7) $\left(+\dfrac{3}{4}\right) \times (-16)$

(8) $\left(-\dfrac{4}{5}\right) \times \left(-\dfrac{5}{12}\right)$

2 累乗の計算　次の計算をしましょう。

(1) 1.5^2

(2) $(-0.2)^2$

(3) $(-0.5)^3$

(4) $(-1)^5$

(5) $(-2)^4$

(6) $\left(\dfrac{2}{3}\right)^2$

(7) $-\left(\dfrac{3}{4}\right)^2$

(8) $\left(-\dfrac{3}{2}\right)^3$

↗ ステップアップ

3 次の計算をしましょう。

(1) $(-3) \times (+2) \times (-4)$

(2) $5 \times (-6) \times 1.5$

(3) $(-8) \times (-1.2) \times (-0.5) \times 3$

(4) $-2 \times (-3)^2$

(5) $(-4)^3 \times 2.5$

(6) $\left(-\dfrac{9}{16}\right) \times \left(-\dfrac{2}{3}\right)^3$

6 乗法と除法②

乗法と除法の関係を理解しよう

✔チェックしよう！

☑ **正の数・負の数の除法**

👆覚えよう　同符号の2つの数の商は，絶対値の商に正の符号をつける。

異符号の2つの数の商は，絶対値の商に負の符号をつける。

例）　$(-24)\div(-3)=+(24\div3)=8$　　　$(-30)\div(+5)=-(30\div5)=-6$

☑ **除法と乗法**

✌覚えよう　積が1になる2つの数の一方を，他方の逆数という。

ある数でわることは，その数の逆数をかけることと同じだから，乗法と除法の混じった式は，乗法だけの式になおして計算する。

例）　$8\div\left(-\dfrac{2}{3}\right)\times(-3)=8\times\left(-\dfrac{3}{2}\right)\times(-3)=+\left(8\times\dfrac{3}{2}\times3\right)=36$

小学校で習ったことを，負の数にまで広げて考えるよ！

確認問題

👆 **1** 2つの数の商　次の計算をしましょう。

(1)　$(+48)\div(+8)$

(2)　$(-28)\div(-4)$

(3)　$(+32)\div(-4)$

(4)　$(-56)\div(+8)$

(5)　$72\div(-3)$

(6)　$(-54)\div(-3)$

(7)　$(-90)\div15$

(8)　$84\div(-7)$

✌ **2** 逆数　次の数の逆数を求めましょう。

(1)　5

(2)　$-\dfrac{2}{3}$

小数は分数になおしてみるといいね。

(3)　$\dfrac{15}{4}$

(4)　-0.3

1 2つの数の商　次の計算をしましょう。

(1)　$(-45) \div (+5)$

(2)　$(-81) \div (-3)$

(3)　$48 \div (-3)$

(4)　$-96 \div 8$

(5)　$15 \div (-6)$

(6)　$(-2) \div (-6)$

(7)　$2.4 \div (-4)$

(8)　$-4.8 \div (-3)$

(9)　$12.6 \div (-7)$

(10)　$(-15.6) \div 1.3$

(11)　$(-2) \div \left(-\dfrac{2}{5}\right)$

(12)　$\dfrac{3}{4} \div \left(-\dfrac{9}{8}\right)$

(13)　$-\dfrac{5}{12} \div \left(-\dfrac{10}{3}\right)$

(14)　$0.6 \div \left(-\dfrac{3}{8}\right)$

📈 ステップアップ

2 次の計算をしましょう。

(1)　$(-24) \div 8 \times (-4)$

(2)　$(-7) \div (-3) \times (-18)$

(3)　$0.8 \div (-0.25) \times 2$

(4)　$\dfrac{3}{5} \times \left(-\dfrac{10}{7}\right) \div \left(-\dfrac{9}{14}\right)$

(5)　$(-6)^2 \times (-2) \div (-12)$

(6)　$(-2)^3 \div (-4) \times (-3^2)$

7 いろいろな計算①

計算の順序に注意しよう

解説動画も
チェック!

✔チェックしよう!

☑ **計算の順序**

加法，減法，乗法，除法をまとめて四則という。

覚えよう　四則の混じった式は，かっこの中・累乗→乗除→加減の順に計算する。

例）　$(3^2-5)×(-2)+6=(9-5)×(-2)+6=4×(-2)+6=-8+6=-2$

☑ ○，□，△がどんな数であっても，次の式が成り立つ。（分配法則）

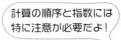覚えよう　$(○+□)×△=○×△+□×△$　　　$△×(○+□)=△×○+△×□$

この法則を利用すると，計算が
らくになることがある。

計算の順序と指数には
特に注意が必要だよ！

確認問題

1 四則の混じった計算　次の計算をしましょう。

(1)　$8-2×5$

(2)　$-6-(-3)×4$

(3)　$2^2+3×(-2)$

(4)　$-12÷(4-7)$

(5)　$-8+(3-5)^2$

(6)　$(-3^2)×(-2)-21$

2 分配法則　分配法則を使って，次の計算をしましょう。

(1)　$\left(-\dfrac{2}{3}+\dfrac{3}{8}\right)×24$

(2)　$-36×\left(\dfrac{4}{9}-\dfrac{7}{12}\right)$

(3)　$64×3.14-(-36)×3.14$

(4)　$(-12)×27-(-12)×17$

(5)　$-18×95$

(6)　$\left(\dfrac{7}{24}-\dfrac{21}{16}\right)÷\dfrac{7}{48}$

(5)は 95 を
100-5 と
考えてみよう。

1 四則の混じった計算　次の計算をしましょう。

(1) $2 \times (-4) - 6$

(2) $-7 - (-6) \times 3$

(3) $\dfrac{3}{4} + \left(-\dfrac{1}{4}\right) \div \dfrac{1}{2}$

(4) $4 \times (-5) - (-8) \times 2$

(5) $27 \div (-3) + (-51) \div (-3)$

(6) $\dfrac{2}{3} \div \left(\dfrac{1}{2} - \dfrac{5}{6}\right) - \left(-\dfrac{1}{4}\right)$

(7) $-9 + (-2)^2 \times 3$

(8) $(-3) \times (-2^2) - 3^2$

(9) $4^2 - (-35) \div 5$

(10) $\left(\dfrac{2}{3}\right)^2 \times (-9) + (-5)^2$

(11) $3.14 \times 4^2 - 3.14 \times 6^2$

(12) $14 - (-3) \times (5 - 11)$

(13) $\left(\dfrac{5}{12} - \dfrac{7}{8} + \dfrac{3}{16}\right) \times (-48)$

(14) $\left(\dfrac{3}{4}\right)^2 \div \left(\dfrac{1}{4} - \dfrac{5}{8}\right) - \dfrac{5}{2}$

📈 ステップアップ

2 次の計算をしましょう。

(1) $(-3) \times 9 + 4 \times (3 - 5)^3$

(2) $-5 \times 3 + 32 \div (8 - 12)^2$

(3) $(-2) \times \{30 \div (2 - 7)\}$

(4) $5 \times (-3)^2 + (-6^2) \div 2^2$

8 いろいろな計算②
正負の数を利用しよう

✔チェックしよう！

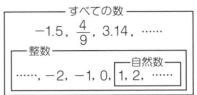

☑ **数の集合**

それにふくまれるかどうか，はっきりと決められるものの集まりを集合という。整数全体や小数・分数などもふくめたすべての数全体の集まりも集合である。

すべての数
$-1.5,\ \dfrac{4}{9},\ 3.14,\ \cdots\cdots$

整数
$\cdots\cdots,\ -2,\ -1,\ 0,$ | 自然数 $1,\ 2,\ \cdots\cdots$

☑ 自然数を素因数の積で表すことを素因数分解という。

例）　**60 の素因数分解**

右のように，小さい素数で順番にわる。

$60 = 2 \times 2 \times 3 \times 5 = 2^2 \times 3 \times 5$

```
2 ) 60
2 ) 30
3 ) 15
    5
```

☑ ある基準を決め，その基準とのちがいを考えることで，平均を求める計算がらくになることがある。

基準の値を仮の平均というんだよ！

👆**覚えよう**　（平均）＝（基準となる値）＋（基準とのちがいの平均）

確認問題

1 数の集合　6つの数 -5，18，0.4，0，$-\dfrac{2}{3}$，3 の中から，次の集合にふくまれる数をそれぞれすべて選びましょう。

(1)　自然数の集合

(2)　整数の集合

2 素因数分解　次の数を素因数分解しましょう。

小さい素数から順にわると，わかりやすいね。

(1)　48

(2)　420

3 基準とのちがい　右の表は，AからFの6人の生徒の身長を，ある高さを基準にして，基準より高い場合は正の数で，基準より低い場合は負の数で表したものです。基準となる高さが150cmのとき，Aの身長は何cmか，求めましょう。

生徒	A	B	C	D	E	F
基準との差(cm)	-2	$+4$	$+1$	-7	$+9$	$+3$

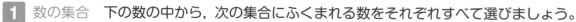

1 数の集合　下の数の中から，次の集合にふくまれる数をそれぞれすべて選びましょう。

$$-8 \quad \frac{3}{5} \quad -0.25 \quad 9 \quad +4 \quad -1 \quad -\frac{2}{9} \quad 15$$

(1)　自然数の集合

(2)　整数の集合

2 基準とのちがい　右の表は，ある生徒の6回の数学のテストの得点を，第1回の得点を基準として，基準より高い場合は正の数で，基準より低い場合は負の数で表したものです。次の問いに答えましょう。

回	第1回	第2回	第3回	第4回	第5回	第6回
第1回との差(点)	0	+12	−8	+4	−15	+9

(1)　第4回と第6回の得点の差は何点か，求めましょう。

(2)　得点がいちばん高かった回といちばん低かった回の得点の差は何点か，求めましょう。

(3)　第1回の得点が72点のとき，第6回の得点は何点か，求めましょう。

(4)　第3回の得点が70点のとき，第2回の得点は何点か，求めましょう。

↗ ステップアップ

3 右の表は，A，B，C，D，Eの5人の生徒の体重を，ある重さを基準として，基準より重い場合は

生徒	A	B	C	D	E
基準との差(kg)	−1.2	+3.6	+6.4	−3	−0.8

正の数で，基準より軽い場合は負の数で表したものです。次の問いに答えましょう。

(1)　体重がいちばん重い生徒といちばん軽い生徒の体重の差は何kgか，求めましょう。

(2)　5人の生徒の体重の平均は，基準の重さより何kg重いか, 求めましょう。

(3)　5人の生徒の体重の平均が41kgのとき，Aの体重は何kgか, 求めましょう。

(4)　Bの体重が45.6kgのとき，5人の生徒の体重の平均は何kgか, 求めましょう。

1 文字を使った式①
文字式の表し方

解説動画も
チェック！

✔チェックしよう！

 文字式の表し方

👆**覚えよう** 積を表すときには　①かけ算の記号×は省いて書く。

②文字と数の積では，数を文字の前に書く。

③同じ文字の積は，指数を使って書く。

文字の積は，ふつうはアルファベット順に書く。

例）　$x×y=xy$　　$a×2=2a$　　$b×a×a×(-1)=-a^2b$

👆**覚えよう** 商を表すときには，わり算の記号÷を使わないで，分数の形で書く。

例）　$x÷2=\dfrac{x}{2}$　　$a÷3÷(b+c)=\dfrac{a}{3(b+c)}$

文字をあつかうことは，
数学の重要な基礎！
正しく理解しよう。

 確認問題

1 文字式の表し方　次の式を，文字式の表し方にしたがって表しましょう。

 (1)　$a×(-1)$

(2)　$x×x×y$

 (3)　$0.1×b×a$

 (4)　$p÷3$

 (5)　$a÷x$

(6)　$4÷x÷5$

2 文字式の表し方　次の式を，記号×，÷を使って表しましょう。

 (1)　$-5a$

(2)　xy^2

 (3)　$-3(x+y)$

(4)　$\dfrac{a}{4}$

 (5)　$\dfrac{x}{2y}$

(6)　$\dfrac{1}{ab}$

かっこがついたも
のは，ひとつのも
のと考えよう。

1 文字式の表し方　次の式を，文字式の表し方にしたがって表しましょう。

(1) $x \times (-2)$

(2) $a \times a \times a$

(3) $b \times (-0.1) \times a$

(4) $(x+2) \div a$

(5) $x \div a \times y$

(6) $p \div (x+y)$

(7) $m \div 2 \div n$

(8) $a \div b \div c \div c$

(9) $a - 2 \div b$

(10) $x \times 2 + y \times y \times (-3)$

(11) $a \div (2 \times x - y)$

(12) $a \times (-2) \div b + c \times c$

2 文字式の表し方　次の式を，記号×，÷を使って表しましょう。

(1) $-5x^2y^2$

(2) $\dfrac{6a}{xy}$

(3) $a^2(x+y)$

(4) $\dfrac{m+n}{x}$

(5) $ax - b^2$

(6) $3(x+y) + \dfrac{x}{2}$

📈 ステップアップ

3 次の式を，文字式の表し方にしたがって表しましょう。

(1) $(x+y) \div p \times a \times (x+y) \div (q-3)$

(2) $(a + b \times c \times c) \div 3 \div x \div (y-z)$

2 文字を使った式②
文字を使って数量を表そう

✔チェックしよう！

📈 数量の表し方

数量を文字式で表すときは，文字式の表し方にしたがって書く。
単位が異なる数量の和や差を考えるときには，単位をそろえる。
文字式でよく利用される関係には注意する。

速さの関係　道のり＝速さ×時間　　　割合の表し方　a 割…$\dfrac{a}{10}$　a%…$\dfrac{a}{100}$

📈 代入と式の値

式の中の文字に数をあてはめることを代入するといい，代入して計算した結果を式の値という。

> 代入は他の単元でも使うからよく覚えよう！

確認問題

1 数量を表す式　次の数量を文字式で表しましょう。

(1)　1個 x 円の品物を5個買ったときの代金

(2)　1辺が $x$cm の立方体の体積

(3)　2L のジュースを x 人で等しく分けるときの1人分の量

(4)　1個 120g のボール x 個を，500g の箱に入れたときの全体の重さ

2 式の値　次の式の値を求めましょう。

(1)　$a=2$ のとき，$3a-1$

(2)　$x=-3$ のとき，$-x+1$

> 負の数を代入するときには，かっこを使おう。

(3)　$a=-4$ のとき，a^2

(4)　$x=-2$ のとき，$\dfrac{6}{x}$

1 数量を表す式　次の数量を文字式で表しましょう。

(1)　1 個 x 円のりんごを 3 個買って 1000 円出したときのおつり

(2)　1 辺 $a$cm の立方体の表面積

(3)　12km の道のりを時速 $x$km で進むときにかかる時間

(4)　20km の道のりを時速 4km で a 時間進んだときの残りの道のり

(5)　97 人の x%の人数

(6)　定価 x 円の品物を，定価の 2 割引きの値段で買ったときの代金

2 式の値　次の式の値を求めましょう。

(1)　$x=3$ のとき，$2x+5$

(2)　$x=-2$ のとき，$2x-x^2$

(3)　$x=-4$ のとき，x^2-2x+1

(4)　$a=-\dfrac{2}{3}$ のとき，$4-6a$

(5)　$x=-\dfrac{3}{2}$ のとき，$\dfrac{1}{x}-3$

(6)　$m=-\dfrac{1}{2}$ のとき，$-2m^2+3m$

↗ ステップアップ

3 次の式の値を求めましょう。

(1)　$x=-\dfrac{1}{3}$，$y=3$ のとき，$3x^2y-xy^2$

(2)　$a=-2$，$b=\dfrac{3}{4}$ のとき，$a^2-6ab-8b$

3 文字式の計算①
式どうしの和や差を考えよう

解説動画も
チェック！

✔チェックしよう！

 項と係数

項…＋で結ばれた各部分。

係数…文字をふくむ項で，それぞれの文字
にかけられた数。

1次の項…$2y$ のように文字が1つだけの項。

1次式…1次の項だけの式，または，1次の項と数の項の和で表される式。

👉覚えよう

例）
$3x-2y+1=3x+(-2y)+1$ なので，
項は $3x$, $-2y$, 1
$3x$ の係数は 3，$-2y$ の係数は -2

✔ 1次式の和や差は，文字の項と数の項に
分けて計算する。

✌覚えよう　例）　$5x+3-2x-4$
$=5x-2x+3-4$
$=(5-2)x+3-4=3x-1$

◎$a+(b+c)=a+b+c$
かっこの前が＋…かっこの中の
符号はそのまま
◎$a-(b+c)=a-b-c$
かっこの前が－…かっこの中の
符号を変える

かっこがある式は，かっこをはずして計算
する。かっこは右のようにはずす。

数量を表す式で，同じ文字は同じ数を表し
ているから，1つの項にまとめられるよ！

確認問題

1 項と係数　次の式の項と，文字をふくむ項の係数を答えましょう。

(1) $2x+3y$

(2) $-3a+b$

(3) $-5x+4y+2$

(4) $2m-3n-1$

2 1次式の加減　次の計算をしましょう。

(1) $4x+5x$

(2) $2a-6a$

(3) $3x+1+2x-3$

(4) $a-3-2a+5$

文字の項どうし，
数の項どうしを
まとめるよ。

(5) $(6x+1)+(2x-4)$

(6) $(a-4)-(8a+2)$

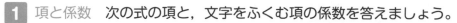

1 項と係数　次の式の項と，文字をふくむ項の係数を答えましょう。

(1)　$-3x+2y$

(2)　$a-b+1$

(3)　$\dfrac{2}{3}x-\dfrac{1}{2}y+3$

(4)　$\dfrac{x}{3}-\dfrac{y}{5}$

2 1次式の加減　次の計算をしましょう。

(1)　$x-9x$

(2)　$-5a+3a$

(3)　$2x-4-3x+7$

(4)　$-5m-1+3m-2$

(5)　$\dfrac{2}{5}x-1+\dfrac{4}{5}x+3$

(6)　$-\dfrac{2}{3}a+1-\dfrac{1}{3}a-6$

(7)　$3x+(5x-4)$

(8)　$2a-(7a-3)$

(9)　$(5x-1)+(-2x+4)$

(10)　$(3a+5)-(5a-2)$

(11)　$(-x+2)+(4x-7)$

(12)　$\left(\dfrac{2}{5}a-\dfrac{1}{2}\right)-\left(\dfrac{1}{6}-\dfrac{1}{5}a\right)$

↗ ステップアップ

3 次の2つの式の和を求めましょう。また, 左の式から右の式をひいた差を求めましょう。

(1)　$5x+6$　　　$4x-3$

(2)　$3x-7$　　　$5x+9$

(3)　$-x+2$　　　$3x+5$

(4)　$-3a-6$　　　$-2a-8$

4 文字式の計算②
式と数の積や商を考えよう

✔チェックしよう！

 覚えよう　1次式と数の乗除は，次のように計算する。

☑ 項が1つの1次式と数の乗法は，かける順序を変え，数どうしを計算する。

例）　$3x \times 4 = 3 \times x \times 4 = 3 \times 4 \times x = 12x$

項が2つ以上の1次式と数の乗法は，分配法則を利用する。

$a(b+c) = ab + ac$　　　　例）　$3(2a-5) = 3 \times 2a + 3 \times (-5) = 6a - 15$

☑ 除法は，乗法になおして計算できる。

かけ忘れと符号には
注意だよ！

例）　$2a \div 6 = 2a \times \dfrac{1}{6} = \dfrac{1}{3}a$

$(12x-9) \div 3 = (12x-9) \times \dfrac{1}{3} = 12x \times \dfrac{1}{3} + (-9) \times \dfrac{1}{3} = 4x - 3$

確認問題 ‑ ‑ ‑ ‑ ‑ ‑ ‑ ‑ ‑ ‑ ‑ ‑ ‑ ‑ ‑ ‑ ‑

 1 1次式と数の乗除　次の計算をしましょう。

(1)　$-4x \times (-2)$　　　　　　　　(2)　$18a \div (-3)$

(3)　$2(3x-5)$　　　　　　　　　　(4)　$(20a-16) \div 4$

(5)　$(-x+5) \times (-3)$　　　　　　(6)　$(24a-18) \div (-6)$

 2 いろいろな計算　次の計算をしましょう。

(1)　$3x-5+4(x+2)$　　　　　　　(2)　$5(x-3)-2(2x+1)$

符号には
注意！

(3)　$3(a+3)+5(2a-3)$　　　　　　(4)　$2(x-8)-3(3x-7)$

1 1次式と数の乗除　次の計算をしましょう。

(1) $16a \times \left(-\dfrac{1}{8}\right)$

(2) $12y \div \dfrac{3}{4}$

(3) $6\left(\dfrac{1}{2}x - \dfrac{2}{3}\right)$

(4) $(120x - 90) \div (-30)$

(5) $-\dfrac{1}{4}(12a - 28)$

(6) $(15x + 21) \div \dfrac{3}{5}$

2 いろいろな計算　次の計算をしましょう。

(1) $3(x+2) + 2(2x-1)$

(2) $4(a-3) - 3(2a+3)$

(3) $6(2x-1) + 4(x-3)$

(4) $5(3a+5) - 4(4a-1)$

(5) $-2(3m-4) + 5(2m+4)$

(6) $3(x+4) - 5(-x+3)$

(7) $7(2a-5) - 4(3a-4)$

(8) $2(7x-6) - 4(2x-5)$

(9) $-8(2a-1) + 6(3a-4)$

(10) $3(8x-5) + 4(-5x+2)$

↗ ステップアップ

3 次の計算をしましょう。

(1) $\dfrac{1}{4}(8x-12) + \dfrac{2}{3}(9x+15)$

(2) $18\left(\dfrac{5}{6}a - \dfrac{2}{9}\right) - 30\left(\dfrac{2}{5}a - \dfrac{1}{6}\right)$

(3) $\dfrac{1}{3}(2x-1) - \dfrac{1}{6}(x-4)$

(4) $\dfrac{3x-2}{4} - \dfrac{2x+1}{3}$

文字式の計算③
数量の関係を式で表そう

✔チェックしよう！

☑ 関係を表す式には，等式と不等式がある。

👆覚えよう　等式…等号「＝」を使って，2つの数量が等しい関係を表した式。

✌覚えよう　不等式…不等号を使って，2つの数量の大小関係を表した式。

以上，以下は≧，≦，より大きい，より小さい(未満)は＞，＜で表す。
等式や不等式で，等号や不等号の左側の式を左辺，右側の式を右辺，左辺と右辺
を合わせて両辺という。

> P30から始まる方程式を理解するための，とても重要なステップだよ！

確認問題

 1　等式　次の数量の関係を等式で表しましょう。

(1)　1個 x 円のみかん5個の代金は y 円である。

(2)　12km の道のりを進むのに，$a$km 進んだところ，残りの道のりは $b$km である。

(3)　ある数 x を3でわると y になる。

(4)　x 本の鉛筆を5人に1人 y 本ずつ分けると，余りなく分けることができる。

✌ 2　不等式　次の数量の関係を不等式で表しましょう。

(1)　ある数 x の2倍は a より大きい。

> 「未満」は「より小さい」と同じだよ。

(2)　1本 x 円の鉛筆を y 本買うと，代金は500円以上である。

(3)　兄の所持金は a 円，弟の所持金は b 円で，2人の所持金の合計は3000円未満である。

1 **等式，不等式** 次の数量の関係を，等式または不等式で表しましょう。

(1) 底辺が $a$cm，高さが $b$cm の平行四辺形の面積が Scm² である。

(2) 1 個 x 円のおにぎりを 8 個，1 本 y 円のお茶を 3 本買ったときの代金の合計は 1200 円以下である。

(3) 3000m の道のりを分速 60m で a 分間歩いたところ，残りの道のりは 600m 以下だった。

(4) x 本の鉛筆を 1 人に 4 本ずつ y 人に配ったところ，5 本余った。

(5) 自然数 x を 4 でわったところ，商が a で，余りが 1 となった。

(6) ある数 x の 4 倍に 7 を加えた数は，もとの数の 6 倍から 3 ひいた数より小さい。

(7) 大人 1 人の入館料が a 円，子ども 1 人の入館料が b 円の美術館に，大人 3 人，子ども 8 人が入館したところ，入館料の合計は x 円であった。

(8) 1 個 x 円のりんごを 3 個と，1 個 y 円のみかんを 8 個買い，1000 円出したところ，おつりは 150 円以下であった。

↗ ステップアップ

2 次の数量の関係を，等式または不等式で表しましょう。

(1) 50L 入る空の水そうに毎秒 $x$cm³ ずつ水を入れていくと，いっぱいになるまでに y 分以上かかる。

(2) 12km の道のりを行くのに，時速 15km の自転車で a 分間進んだところ，残りの道のりは $b$km であった。

1次方程式①

等式の性質を利用して解く

✔チェックしよう！

解説動画もチェック！

☑ 文字の値によって，成り立ったり，成り立たなかったりする等式を方程式といい，方程式を成り立たせる文字の値を，方程式の解という。

☑ 方程式を解くときには，次の等式の性質を利用する。

① 等式の両辺に同じ数や式をたしても，等式は成り立つ。
② 等式の両辺から同じ数や式をひいても，等式は成り立つ。
③ 等式の両辺に同じ数をかけても，等式は成り立つ。
④ 等式の両辺を同じ数でわっても，等式は成り立つ。

👆 覚えよう

A＝Bならば，
① A＋C＝B＋C
② A－C＝B－C
③ AC＝BC
④ $\dfrac{A}{C}=\dfrac{B}{C}$ （C≠0）

☑ 等式の一方の辺の項を，符号を変えて他方の辺に移すことを移項という。

☑ 移項によって，$ax＝b$ となる方程式を，1次方程式という。

等式の性質を理解することが大事だよ！

✌ 覚えよう　例）　1次方程式は，次の手順で解くことができる。

① 文字の項を左辺に，数の項を右辺に移項し，$ax＝b$ の形にする。
② 両辺を x の係数 a でわる。

確認問題

1 1次方程式の解　次の方程式のうち，解が3であるものを選びましょう。

ア　$x－1＝1$ 　　　　イ　$－x＋3＝1$ 　　　　ウ　$2x－1＝5$

2 1次方程式の解法　次の方程式を解きましょう。

(1)　$2x＋1＝3$

(2)　$3x－2＝7$

移項するときは，符号に注意！

(3)　$5x＋3＝－2$

(4)　$－x＋2＝－2$

(5)　$－3x＋9＝－6$

(6)　$6x－3＝－15$

(7)　$4x－24＝16$

(8)　$－6x－8＝－26$

1 1次方程式の解　次の方程式のうち，解が−2であるものをすべて選びましょう。

ア　$5x-6=-1$　　　　　イ　$1-x=3$　　　　　ウ　$2x-3=-5$

エ　$2(x+3)=4$　　　　　オ　$3x-1=x+3$　　　カ　$-2x-3=1$

2 1次方程式の解法　次の方程式を解きましょう。

(1)　$2x-3=1$

(2)　$5x+3=-7$

(3)　$-3x+11=8$

(4)　$4x-10=2$

(5)　$7-x=3$

(6)　$-2x+1=7$

(7)　$3x-5=16$

(8)　$9x-15=30$

(9)　$-2x+12=-4$

(10)　$-20=-5x+10$

(11)　$15-3x=3$

(12)　$7x-4=-25$

(13)　$6=6x-24$

(14)　$12x-20=4$

(15)　$8x+15=7$

(16)　$15x-60=120$

2 1次方程式②
やや複雑な方程式を解こう

> 解説動画も
> チェック！

 チェックしよう！

 かっこをふくむ方程式は，次の手順で解く。

 覚えよう　①かっこをはずす。
　　　　　②移項して $ax=b$ の形にする。

 係数が小数の方程式は，次の手順で解く。

 覚えよう　①両辺を 10 倍，100 倍，…して，係数を整数にする。
　　　　　②移項して $ax=b$ の形にする。

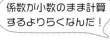
> 係数が小数のまま計算
> するよりらくなんだ！

 確認問題

 1 かっこをふくむ方程式　次の方程式を解きましょう。

(1)　$2(x-1)=2$

(2)　$3(x+2)=3$

> かっこをはずすときの
> 符号に気をつけてね。

(3)　$4-(x+1)=0$

(4)　$2(x+1)-7=3$

(5)　$5-3(x+3)=11$

(6)　$-4(5-x)-2=10$

 2 係数が小数の方程式　次の方程式を解きましょう。

(1)　$0.1x-0.5=0.1$

(2)　$0.5x-1.2=0.8$

(3)　$0.6-0.2x=1.2$

(4)　$0.7x-0.9=0.4x$

1 かっこをふくむ方程式　次の方程式を解きましょう。

(1)　$2(x+3)-8=0$　　　　　　　　(2)　$5(x-3)-7=3$

(3)　$2(x+5)=4-x$　　　　　　　　(4)　$3x-9=-3(x-5)$

(5)　$3(x+3)+1=2x$　　　　　　　　(6)　$6(x+2)=-3(x+5)$

(7)　$2(x-3)=7-(5-x)$　　　　　　(8)　$3x-2(x-1)=4(x-4)$

2 係数が小数の方程式　次の方程式を解きましょう。

(1)　$0.4x+2=3.6$　　　　　　　　(2)　$0.7x-2=0.3x$

(3)　$0.2x+0.5=-0.6x-1.1$　　　　(4)　$0.3x-1.3=1.5-0.4x$

(5)　$0.6x+2=0.1x-2.5$　　　　　　(6)　$0.12x-0.16=0.04x$

(7)　$0.06x-0.04=0.1x+0.08$　　　(8)　$0.15x-0.24=0.76+0.35x$

↗ ステップアップ

3 次の方程式を解きましょう。

(1)　$0.2(x+2)-0.6=0.1x$　　　　　(2)　$0.3x-1.6=0.5(x-2)$

3 1次方程式③
いろいろな方程式を解こう

解説動画も
チェック！

✔チェックしよう！

☑ 係数が分数の方程式は，次の手順で解く。

覚えよう　①係数の分母の最小公倍数を両辺にかけて，分母をはらう。
②移項して $ax=b$ の形にする。

係数が分数のときは
整数になおすよ！

☑ **比例式とその性質**

2つの比が等しいことを表す式 $a:b=m:n$ を比例式という。

比例式 $a:b=m:n$ では次のことが成り立つ。

覚えよう　$a:b=m:n$ ならば $an=bm$

確認問題

 1 係数が分数の方程式　次の方程式を解きましょう。

(1) $\dfrac{1}{2}x-1=1$

(2) $\dfrac{2}{3}x+1=3$

(3) $\dfrac{1}{3}x=\dfrac{1}{2}x+1$

(4) $\dfrac{3}{4}x-2=\dfrac{2}{3}x$

 2 比例式　次の比例式で，x の値を求めましょう。

(1) $x:1=6:3$

(2) $2:x=8:12$

(3) $5:4=x:8$

(4) $x:35=8:7$

内側どうし，外側
どうしをかけたも
のが等しいよ。

(5) $10:x=25:5$

(6) $2:5=6:x$

1 係数が分数の方程式　次の方程式を解きましょう。

(1) $\dfrac{2}{5}x - 2 = \dfrac{1}{3}x$

(2) $\dfrac{1}{2}x + \dfrac{2}{5}x = -9$

(3) $\dfrac{3}{4}x - 2 = \dfrac{1}{6}x + 5$

(4) $\dfrac{1}{3}x - \dfrac{1}{6} = \dfrac{1}{4}x + \dfrac{1}{2}$

(5) $\dfrac{4x - 5}{3} = x - 1$

(6) $\dfrac{x - 3}{2} = \dfrac{x + 1}{3}$

(7) $\dfrac{3x - 1}{2} - \dfrac{3}{5} = \dfrac{2}{5}x$

(8) $\dfrac{3 - x}{2} - \dfrac{2x - 5}{3} = -5$

2 比例式　次の比例式で，x の値を求めましょう。

(1) $5 : x = 10 : 14$

(2) $3x : 4 = 15 : 2$

(3) $(x - 1) : 2 = 12 : 8$

(4) $(2x + 3) : 3 = 14 : 6$

(5) $(x - 2) : 3 = x : 4$

(6) $(x - 1) : (2x + 1) = 4 : 11$

📈 ステップアップ

3 次の方程式が（　　）の解をもつとき，a の値を求めましょう。

(1) $ax - 2 = 2x + a$　$(x = 3)$

(2) $\dfrac{x - 2a}{2} = a - x$　$(x = 4)$

4 1次方程式の利用①
身のまわりの事象と方程式

✔チェックしよう！

☑ 方程式の応用問題は，次のように解く。
　①何を x で表すか決める。
　②問題の中の数量を x で表す。
　③問題の数量関係から方程式をつくる。
　④方程式を解く。
　⑤解が問題に適していることを確かめる。

解説動画も
チェック！

図や表に整理すると数量の
関係がわかりやすいよ！

確認問題 — — — — — — — — — — — —

1 代金の問題　1個40円のみかんを何個かと，1個150円のりんごを2個買ったところ，代金の合計は620円でした。次の問いに答えましょう。

(1) 買ったみかんの個数を x 個として，方程式をつくりましょう。

(2) 買ったみかんの個数を求めましょう。

2 過不足の問題　何本かの鉛筆を子どもに分けるのに，1人に3本ずつ配ると12本余ります。また，1人に4本ずつ配ると4本たりません。次の問いに答えましょう。

(1) 子どもの人数を x 人として，方程式をつくりましょう。

(2) 子どもの人数と鉛筆の本数を求めましょう。

3 代金の過不足　同じケーキを5個買うには，持っていた金額では90円たりませんでした。そこで4個買ったところ，150円余りました。次の問いに答えましょう。

(1) ケーキ1個の値段を x 円として，方程式をつくりましょう。

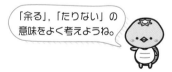

「余る」，「たりない」の
意味をよく考えようね。

(2) ケーキ1個の値段と持っていた金額を求めましょう。

1 代金の問題　1本80円の鉛筆と1本100円のボールペンを合わせて15本買ったところ，代金の合計は1320円でした。次の問いに答えましょう。

(1)　買った鉛筆の本数を x 本として，方程式をつくりましょう。

(2)　買った鉛筆の本数とボールペンの本数をそれぞれ求めましょう。

2 代金の問題　1個110円のなしと1個150円のりんごを合わせて10個買ったところ，代金の合計は1340円でした。なしとりんごの個数をそれぞれ求めましょう。

3 過不足の問題　何人かの子どもにみかんを5個ずつ配ると15個たりません。そこで，1人に3個ずつ配ったところ，31個余りました。次の問いに答えましょう。

(1)　子どもの人数を x 人として，方程式をつくりましょう。

(2)　子どもの人数とみかんの個数をそれぞれ求めましょう。

4 過不足の問題　生徒に画用紙を配るのに，1人に12枚ずつ配ると60枚不足するので，1人に9枚ずつ配ったところ，45枚余りました。生徒の人数と画用紙の枚数をそれぞれ求めましょう。

5 1次方程式の利用②

速さへの応用を考えよう

✔チェックしよう！

☑ 速さ，道のり，時間には，次の関係がある。

 速さ＝$\dfrac{道のり}{時間}$　　道のり＝速さ×時間　　時間＝$\dfrac{道のり}{速さ}$

☑ 比例式を利用してわからない数量を求めるときも，方程式と同じように考えることができる。

> 小学校で習ったことを，もう一度確認しよう！

確認問題

👉 **1** 速さの問題　Aさんが家から1200mはなれた駅まで行くのに，はじめは分速60mで歩き，途中から分速80mで歩いたところ，家を出発してから18分で駅に着きました。次の問いに答えましょう。

(1) Aさんが分速60mで歩いた時間をx分として，方程式をつくりましょう。

(2) Aさんが分速60mで歩いた道のりは何mか，求めましょう。

> 数量の関係をわかりやすくまとめるには，図や表を利用するといいね。

2 比例式の応用　袋（ふくろ）の中に赤玉と白玉が入っていて，赤玉と白玉の個数の比は3：5です。赤玉の個数が120個のとき，白玉の個数は何個か，求めましょう。

3 比例式の応用　同じくぎがたくさん箱に入っています。箱の重さをのぞいたくぎだけの重さは270gです。このくぎ30本の重さが45gのとき，箱に入っているくぎの本数は何本か，求めましょう。

1 速さの問題　山のふもとから頂上まで分速 40m でのぼり，同じ道を頂上からふもとまで分速 80m で下ったところ，全部で 2 時間かかりました。次の問いに答えましょう。

(1)　山のふもとから頂上までの道のりを xm として，方程式をつくりましょう。

(2)　山のふもとから頂上までの道のりは何 m か，求めましょう。

2 速さの問題　ある人が家から駅までの間を往復しました。行きは分速 80m で歩き，帰りは分速 60m で歩いたところ，帰りの方が行きより 6 分多く時間がかかりました。ある人の家と駅の間の道のりは何 m か，求めましょう。

3 速さの問題　弟は家を出発して分速 55m で，家から 1500m はなれた学校に向かいました。弟が出発してから 4 分後に兄は家を出発して，分速 75m で弟を追いかけました。兄は家を出発してから何分後に弟に追いつきますか。

4 比例式の応用　A，B2 つの箱にボールが 36 個ずつ入っていました。いま，A の箱から B の箱へボールを何個か移したら，A の箱と B の箱に入っているボールの個数の比が 5：7 になりました。移したボールの個数は何個か，求めましょう。

5 比例式の応用　120 枚の折り紙を姉と妹で分けるのに，姉と妹の枚数の比が 3：5 になるようにします。姉と妹の枚数はそれぞれ何枚か，求めましょう。

1 関数
関数とは何かを理解しよう

解説動画も
チェック！

☑ チェックしよう！

☑ ともなって変わる2つの数量 x，y が
  あって，x の値が1つ決まると，それに対応して y の値がただ1つに決まる
  とき，y は x の**関数**であるという。

☑ 関数における x，y のように，いろいろな値をとる文字を**変数**といい，変数が
  とることのできる値の範囲を**変域**という。
  変域は不等号＞，＜，≧，≦を用いて表す。
  例）　x は0以上5以下…$0 \leqq x \leqq 5$
  　　　y は2より大きく9未満…$2 < y < 9$

x の値を1つ決めたとき，y
の値が2つ以上あれば，y は
x の関数であるといえないよ。

確認問題

1 関数と変域　1個40円のみかんを x 個買うとき，代金の合計を y 円とします。次
の問いに答えましょう。

(1) 右の表は，x と y の関係を表した
ものです。表の空らんア〜ウにあ
てはまる数を求めましょう。

x(個)	1	2	3	4	5	6	7	…
y(円)	40	80	ア	160	イ	ウ	280	…

(2) y は x の関数といえますか。

(3) x の変域が $3 \leqq x \leqq 7$ のときの y の変域を求めましょう。

2 関数　次のア〜ウのうち，y が x の関数であるものをすべて選びましょう。

ア　1個120円のりんごを x 個買って，1000円出したときのおつり y 円

イ　120km の道のりを時速 x km で進むときにかかる時間 y 時間

ウ　縦の長さが x cm の長方形の面積 y cm²

x の値を1つ決めて，y の値がた
だ1つに決まるか調べてみよう。

1 関数と変域　容積が 60L の空の水そうに水を入れます。1 分間に xL ずつ水を入れたときの満水になるまでの時間を y 分として，次の問いに答えましょう。

(1)　y は x の関数といえますか。

(2)　x の変域が $5 \leqq x \leqq 20$ のときの y の変域を求めましょう。

2 関数　次のア〜オのうち，y が x の関数であるものをすべて選びましょう。

ア　底辺が $x$cm で高さが 6cm の三角形の面積 $y$cm²

イ　タクシーの料金 x 円と走行距離 $y$km

ウ　12km の道のりを時速 4km で x 時間歩いたときの残りの道のり $y$km

エ　面積が 60cm² の長方形の縦の長さ $x$cm と横の長さ $y$cm

オ　中学生の身長 $x$cm と体重 $y$kg

📈 ステップアップ

3 容積が 180L の水そうに，30L の水が入っています。この水そうに毎分 5L ずつ水を入れていくとき，水を入れる時間を x 分，そのとき水そうに入っている水の体積を yL とします。次の問いに答えましょう。

(1)　y は x の関数といえますか。

(2)　y を x の式で表しましょう。

(3)　$x=4$ のときの y の値を求めましょう。

(4)　$y=120$ のときの x の値を求めましょう。

(5)　x の変域を求めましょう。

(6)　y の変域を求めましょう。

2 比例
比例の意味と性質を知ろう

✔チェックしよう！

☑ y が x の関数で，x と y の関係が
$y=ax$（a は0でない定数）で表されるとき，
y は x に比例するといい，a を比例定数という。

☑ 比例の関係には，次のような性質がある。

👆覚えよう ① x の値が2倍，3倍，4倍，…となると，
　　　　　　y の値も2倍，3倍，4倍，…となる。

👆覚えよう ②対応する x と y の商 $\dfrac{y}{x}$ は一定で，a に等しい。

👆覚えよう
――比例――
$y=ax$（a は比例定数）

基本となることがらは
正しく覚えよう！

確認問題

1 比例　右の表で，y は x に比例しています。次の問いに答えましょう。

x	…	-3	-2	-1	0	1	2	3	…
y	…	-6	-4	ア	0	2	イ	ウ	…

 (1) 表の空らんア～ウにあてはまる数を求めましょう。

(2) 比例定数を求めましょう。

(3) y を x の式で表しましょう。

2 比例　y は x に比例し，$x=3$ のとき，$y=12$ です。次の問いに答えましょう。
(1) y を x の式で表しましょう。

比例の式は $y=ax$ だから，x，y の値が1組わかると，a がわかるよ。

(2) $x=-2$ のときの y の値を求めましょう。

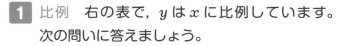

1 比例　右の表で，y は x に比例しています。
次の問いに答えましょう。

x	$\cdots$	-2	-1	0	1	2	$\cdots$
y	$\cdots$	4	2	0	-2	-4	$\cdots$

(1) 比例定数を求めましょう。

(2) y を x の式で表しましょう。

2 比例　次の問いに答えましょう。

(1) y は x に比例し，$x=2$ のとき，$y=10$ です。y を x の式で表しましょう。

(2) y は x に比例し，$x=-3$ のとき，$y=12$ です。$x=-5$ のときの y の値を求めましょう。

↗ ステップアップ

3 y は x に比例し，$x=6$ のとき，$y=4$ です。次の問いに答えましょう。

(1) y を x の式で表しましょう。

(2) $x=-3$ のときの y の値を求めましょう。

(3) $y=-6$ のときの x の値を求めましょう。

(4) x の変域が $3 \leqq x \leqq 9$ のときの y の変域を求めましょう。

3 座標，比例のグラフ

点の位置を表そう

✔チェックしよう！

解説動画もチェック！

☑ 右の図のように，点Oで垂直に交わる
2つの数直線を考えるとき，横の数直線を x 軸，縦の
数直線を y 軸，x 軸と y 軸の交点Oを原点という。
点Aから x 軸，y 軸に垂直にひいた直線が，x 軸，
y 軸と交わる点のめもり4，5をそれぞれ点Aの x 座標，
y 座標といい，この点をA（4，5）と表す。

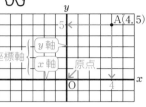

☑ 比例の関係 $y=ax$ のグラフは，
原点を通る直線である。
$a>0$ のとき，グラフは右上がり，
$a<0$ のとき，グラフは右下がりとなる。

a の絶対値が大きいほど，
グラフの傾きが急になるよ。

👆 覚えよう

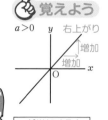

x が増加すると，y は増加する。

x が増加すると，y は減少する。

確認問題

1 比例のグラフをかく　次の問いに答えましょう。

(1) 次の点を右の図にかき入れましょう。
　　A（3，−1）　　B（−2，2）

(2) $y=3x$ の x の値に対応する y の値を求めて，
下の表を完成させましょう。

原点ともう1つの点がわかればいいね。

x	…	−2	−1	0	1	2	…
y	…						…

(3) 比例 $y=3x$ のグラフを右の図にかきましょう。

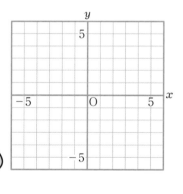

2 比例のグラフから式を求める　右の図の直線は，
点Cを通る比例のグラフです。

(1) 点Cの座標を答えましょう。

(2) 右の比例のグラフについて，y を x の式で
表しましょう。

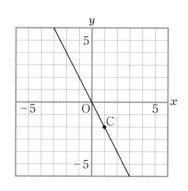

1 座標　次の問いに答えましょう。

(1) 右の図の点 A，B の座標を答えましょう。

(2) 次の点を右の図にかき入れましょう。
C(−1，−4)　　　D(0，−3)

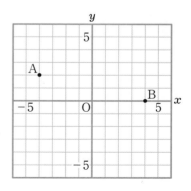

2 比例のグラフをかく　次の比例のグラフを右の図にかきましょう。

(1) $y=x$

(2) $y=-3x$

(3) $y=-\dfrac{1}{2}x$

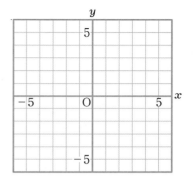

3 比例のグラフから式を求める　右の図の(1)〜(3)の直線は，それぞれ比例のグラフです。y を x の式で表しましょう。

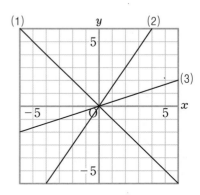

ステップアップ

4 右の図の直線は，2点 A, B を通る比例のグラフです。次の問いに答えましょう。

(1) 右の比例のグラフについて，y を x の式で表しましょう。

(2) 点 B の y 座標を求めましょう。

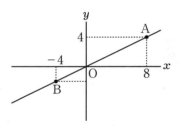

45

4 反比例
反比例の意味と性質を知ろう

✔チェックしよう！

☑ y が x の関数で，x と y の関係が

$y = \dfrac{a}{x}$（a は 0 でない定数）

で表されるとき，y は x に反比例するといい，
a を比例定数という。

覚えよう

反比例
$y = \dfrac{a}{x}$（a は比例定数）

☑ 反比例の関係には，次のような性質がある。

覚えよう ① x の値が 2 倍，3 倍，4 倍，…となると，
y の値は $\dfrac{1}{2}$ 倍，$\dfrac{1}{3}$ 倍，$\dfrac{1}{4}$ 倍，…となる。

比例と混同しない
よう注意だよ！

覚えよう ②対応する x と y の積 xy は一定で，a に等しい。

確認問題

1 反比例　右の表で，y は x に反比例しています。次の問いに答えましょう。

x	…	-3	-2	-1	0	1	2	3	…
y	…	-4	ア	-12	×	イ	6	ウ	…

(1) 表の空らんア〜ウにあてはまる数を求めましょう。

(2) 比例定数を求めましょう。

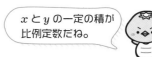

x と y の一定の積が
比例定数だね。

(3) y を x の式で表しましょう。

2 反比例　y は x に反比例し，$x=3$ のとき，$y=-2$ です。次の問いに答えましょう。

(1) y を x の式で表しましょう。

(2) $x=-4$ のときの y の値を求めましょう。

練習問題

1 反比例　右の表で，y は x に反比例しています。次の問いに答えましょう。

x	$\cdots$	-4	-3	-2	-1	0	1	2	3	4	$\cdots$
y	$\cdots$	-6	-8	-12	-24	$\times$	24	12	8	6	$\cdots$

(1) 比例定数を求めましょう。

(2) y を x の式で表しましょう。

2 反比例　次の問いに答えましょう。

(1) y は x に反比例し，$x=3$ のとき，$y=-5$ です。y を x の式で表しましょう。

(2) y は x に反比例し，$x=-6$ のとき，$y=8$ です。$x=4$ のときの y の値を求めましょう。

📈 ステップアップ

3 y は x に反比例し，$x=9$ のとき，$y=\dfrac{10}{3}$ です。次の問いに答えましょう。

(1) y を x の式で表しましょう。

(2) $x=-5$ のときの y の値を求めましょう。

(3) $y=4$ のときの x の値を求めましょう。

(4) x の変域が $2 \leqq x \leqq 6$ のときの y の変域を求めましょう。

5 反比例のグラフ

グラフの意味を理解しよう

 ✔チェックしよう！

☑ 反比例 $y = \dfrac{a}{x}$ のグラフは，

覚えよう 双曲線とよばれる，なめらかな
2つの曲線である。
このグラフは x 軸，y 軸と交わ
らない。

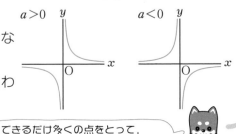

解説動画も
チェック！

できるだけ多くの点をとって，
それらをなめらかな曲線で結ぶよ！

確認問題

[1] 反比例のグラフをかく　反比例 $y = \dfrac{6}{x}$ について，次の問いに答えましょう。

(1) x に対応する y の値を求めて，表を完成させましょう。

x	…	-6	-5	-4	-3	-2	-1	0	1	2	3	4	5	6	…
y	…							×							…

(2) 反比例のグラフを右の図にかきましょう。

x 座標も y 座標も整数
となる点を見つけると
点をとりやすいよ。

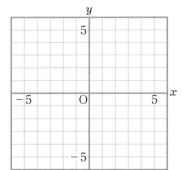

[2] 反比例のグラフから式を求める　右の図は，点P
を通る反比例のグラフです。次の問いに答えま
しょう。

(1) 点Pの座標を答えましょう。

(2) 右の反比例のグラフについて，y を x の式で
表しましょう。

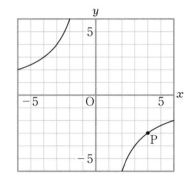

1 反比例のグラフをかく　$y = -\dfrac{24}{x}$ について，次の問いに答えましょう。

(1)　$y = -\dfrac{24}{x}$ の x に対応する y の値を求めて，表を完成させましょう。

x	…	-3	-2	-1	0	1	2	3	4	6	12	…
y	…				×							…

(2)　反比例 $y = -\dfrac{24}{x}$ のグラフを右の図にかきましょう。

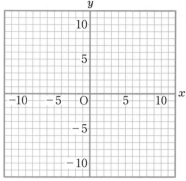

2 反比例のグラフをかく　次の反比例のグラフを右の図にかきましょう。

(1)　$y = \dfrac{21}{x}$

(2)　$y = -\dfrac{10}{x}$

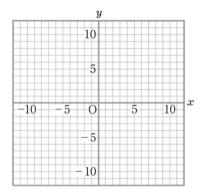

3 反比例のグラフから式を求める　右の図の(1)，(2)は，それぞれ反比例のグラフです。y を x の式で表しましょう。

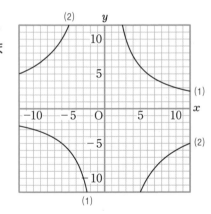

↗ ステップアップ

4 右の図は，反比例のグラフで，点Pはグラフ上の点です。次の問いに答えましょう。

(1)　右の反比例のグラフについて，y を x の式で表しましょう。

(2)　x の変域が $-8 \leqq x \leqq -5$ のときの y の変域を求めましょう。

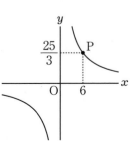

6 比例と反比例の利用
比例と反比例のまとめ

✔チェックしよう！

解説動画もチェック！

 比例と反比例についてまとめると, 右のようになる。

比例と反比例の違いを正しく理解することが大事だよ！

	比例	反比例
関係を表す式	$y=ax$	$y=\dfrac{a}{x}$
x の値が2倍, 3倍, …になるときの y の値	2倍, 3倍, …になる	$\dfrac{1}{2}$倍, $\dfrac{1}{3}$倍, …になる
比例定数	x と y の商 $\dfrac{y}{x}$	x と y の積 xy
グラフ	原点を通る直線	双曲線とよばれる2つの曲線

確認問題

1 比例と反比例 次のア〜カの中から, x と y が比例するもの, 反比例するものをそれぞれ選びましょう。

ア 面積が 30cm² の長方形の縦の長さ $x$cm と横の長さ $y$cm

イ 時速 4km で x 時間進んだときの道のり $y$km

ウ 1辺が $x$cm の立方体の体積 $y$cm³

エ 周の長さが 40cm の長方形の縦の長さ $x$cm と横の長さ $y$cm

オ 120L 入る水そうに, 1分間に xL ずつ水を入れるとき, 水そうがいっぱいになるまでにかかる時間 y 分

カ 1辺が $x$cm の正方形の周りの長さ $y$cm

y を x の式で表してみよう。

2 比例の利用 AさんとBさんは学校を同時に出発して, Aさんは自転車で, Bさんは歩いて, 学校から 2000m はなれた駅へ行きました。右の図は, 2人が出発してから x 分後の学校からの道のりを ym として, 2人が進むようすをグラフに表したものです。次の問いに答えましょう。

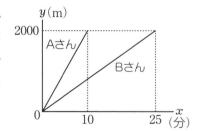

(1) Bさんが歩く速さは分速何 m ですか。

(2) 2人が出発してから4分後には, 2人は何 m はなれていますか。

(3) Aさんが駅に着いたとき, Bさんは駅まであと何 m の地点にいますか。

1 反比例の利用　満水のタンクから毎分 60L ずつ水をくみ出すと，30 分でタンクが空になります。毎分 x L ずつ水をくみ出すと，y 分でタンクが空になるものとして，次の問いに答えましょう。

(1) y を x の式で表しましょう。

(2) $x=75$ のときの y の値を求めましょう。

2 比例の利用　右の図の四角形 ABCD は，1 辺が 6cm の正方形です。点 P は，頂点 B を出発して，毎秒 1cm の速さで頂点 C まで進みます。点 P が出発してからの時間を x 秒，そのときの三角形 ABP の面積を y cm² として，次の問いに答えましょう。

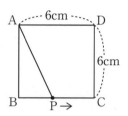

(1) y を x の式で表しましょう。

(2) x の変域を求めましょう。

(3) x と y の関係を表すグラフを右の図にかきましょう。

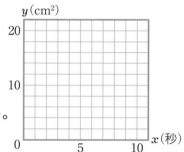

↗ ステップアップ

3 右の図で，直線 ℓ は比例のグラフ，曲線 m は反比例のグラフです。点 A は直線 ℓ 上の点，点 B は直線 ℓ と曲線 m の交点の 1 つです。
点 A の座標が(9, 6)，点 B の x 座標が−6 のとき，次の問いに答えましょう。

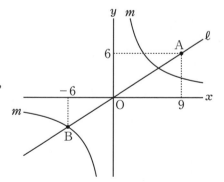

(1) 直線 ℓ の式を求めましょう。

(2) 点 B の y 座標を求めましょう。

(3) 曲線 m の式を求めましょう。

1 図形の移動①
平行移動と対称移動

✔ チェックしよう！

☑ 両方にかぎりなくまっすぐにのびる線を
　直線という。また，直線の一部であるものには，
　線分と**半直線**がある。（図1）

☑ 平面上で，図形を一定の方向に，一定の距離だけ移
　すことを**平行移動**といい，対応する2点を結ぶ線分
　はそれぞれ平行で，長さが等しい。（図2）　2直線
　ABとCDが平行であることは，AB∥CDと表す。

☑ 図形を，ある直線を折り目として
　折り返して図形を移すことを**対称
　移動**，折り目の直線を**対称の軸**と
　いう。対称移動では，対応する2
　点を結ぶ線分は，対称の軸によっ
　て垂直に2等分される。（図3）

☑ 2直線ABとCDが垂直である
　ことは，AB⊥CDと表す。

☑ 三角形ABCは，記号△を使って△ABCのように表す。

図1　直線AB

線分AB
両端A，Bをもつもの

半直線AB
Bの方へまっすぐにかぎり
なくのばしたもの

覚えよう
図2

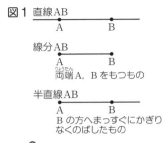

AA′∥BB′∥CC′
AA′＝BB′＝CC′

覚えよう
図3

AA′⊥ℓ, BB′⊥ℓ, CC′⊥ℓ
AD＝A′D, BE＝B′E, CF＝C′F

記号の意味を
覚えよう！

確認問題

1 直線，線分，半直線　次の(1)～(3)を，右にかきましょう。

(1) 直線AB

(2) 線分BC

(3) 半直線CA

・C

・A

・B

2 平行移動と対称移動　次の問いに答えましょう。

(1) 平行移動だけで三角形アに重ねるこ
　とのできる三角形を選びましょう。

(2) 1回の対称移動で三角形アに重ねる
　ことができる三角形を選びましょう。

すらすのが平行
移動，折り返すの
が対称移動だよ。

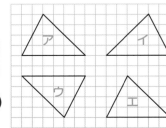

━ ━ ━ ━ ━ ━ ━ ━ ━ ━ ━ ━ ━ ━ ━ ━

1 平行移動と対称移動の作図　次の問いに答えましょう。

(1) 図1の△ABC を，点 A を
点 P に移すように平行移動
した図形をかきましょう。

図1
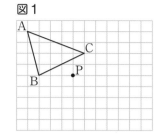

図2
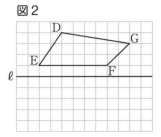

(2) 図2の四角形 DEFG を，
直線 ℓ を対称の軸として対
称移動した図形をかきま
しょう。

2 平行移動　右の図の△PQR は，△ABC を平行移動
したものです。次の問いに答えましょう。

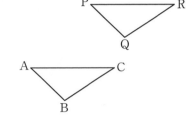

(1) 点 B に対応する点を答えましょう。

(2) 辺 AC に対応する辺を答えましょう。

(3) 線分 AP と線分 BQ の位置関係を，記号を使って表しましょう。

(4) 辺 BC と辺 QR の長さの関係を，記号を使って表しましょう。

3 対称移動　右の四角形 EFGH は，四角形 ABCD を
直線 ℓ を対称の軸として対称移動したものです。次
の問いに答えましょう。

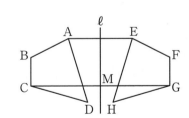

(1) 点 B に対応する点を答えましょう。

(2) 辺 DA に対応する辺を答えましょう。

(3) 線分 AE と直線 ℓ の位置関係を，記号を使って表しましょう。

(4) 線分 CG が直線 ℓ と交わる点を M とするとき，線分 CM と線分 GM の長さの
関係を，記号を使って表しましょう。

2 図形の移動②
回転移動

✔チェックしよう！

☑ 図形を1つの点Oを中心として，一定の角だけ回転させて図形を移すことを回転移動，中心とする点Oを回転の中心という。回転移動では，対応する点は，回転の中心から等しい距離にあり，対応する点と回転の中心を結んでできる角の大きさはすべて等しい。（図1）

☑ 半直線OA，OBによってできる角を∠AOBと表す。（図2）

図形を180°だけ回転移動させることを，特に点対称移動というよ！

👆覚えよう

図1

OA＝OA′, OB＝OB′, OC＝OC′
∠AOA′＝∠BOB′＝∠COC′

図2
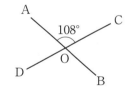

確認問題

1 角の表し方　右の図で，線分ABと線分CDの交点をOとするとき，∠AOC＝108°です。次の問いに答えましょう。

(1) ∠AODの大きさを求めましょう。

(2) ∠AOCと大きさが等しい角を答えましょう。

2 回転移動の作図　次の問いに答えましょう。

(1) 図1の△ABCを，点Oを中心として反時計回りに90°回転移動した図形をかきましょう。

(2) 図2の△DEFを，点Pを中心として180°回転移動した図形をかきましょう。

図1

図2

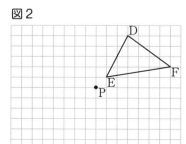

3つの頂点がそれぞれどう移動するかを考えよう。

1 回転移動　右の図の△PQRは，△ABC を点 O を中心として時計回りに 60°回転移動したものです。次の問いに答えましょう。

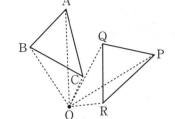

(1) 点 C に対応する点を答えましょう。

(2) 辺 PQ に対応する辺を答えましょう。

(3) ∠BAC に対応する角を答えましょう。

(4) 線分 OB と長さが等しい線分を答えましょう。

(5) ∠AOP の大きさを求めましょう。

2 図形の移動　右の図の四角形 ABCD は長方形で, 点 P, Q, R, S はそれぞれ長方形 ABCD の辺のまん中の点です。また, 図中の 8 つの三角形はすべて合同です。次の問いに答えましょう。

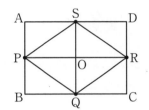

(1) △OPS を平行移動するとぴったりと重なる三角形を答えましょう。

(2) △OPS を，SQ を対称の軸として対称移動するとぴったりと重なる三角形を答えましょう。

(3) △DSR を，点 O を回転の中心として回転移動するとぴったりと重なる三角形を答えましょう。

(4) △BPQ を，PR を対称の軸として対称移動し，さらに平行移動するとぴったりと重なる三角形を答えましょう。

(5) △APS を回転移動するとぴったりと重なる三角形をすべて答えましょう。

3 円とおうぎ形

長さや面積の求め方を知ろう

✔チェックしよう！

☑ 図1のように，円周上に2点A，Bがある
とき，円周のAからBまでの部分を弧AB（⌢ABと表す），A
とBを結んだ線分を弦AB，円の中心OとA，Bを結んだ
∠AOBを⌢ABに対する中心角という。（⌢ABは，ふつう短い方
の弧をさす。）

図1

☑ 図2のように，円Oと直線ℓが点Cを共有するとき，直線ℓ
は円に接するといい，直線ℓを接線，点Cを接点という。

図2

👆覚えよう　円の接線は，その接点を通る半径に垂直である。

☑ 半径 r，中心角 $a°$ のおうぎ形の弧の長さを $ℓ$，
面積を S とすると，

弧の長さも面積も中心角
に比例しているよ！

✌覚えよう　$ℓ=2\pi r \times \dfrac{a}{360}$　　　$S=\pi r^2 \times \dfrac{a}{360}$

確認問題

1 おうぎ形の弧と弦　右の図は，円周上の2点A，Bと，円の
中心Oを結んだものです。次の問いに答えましょう。

(1) 円Oの円周のAからBまでの部分⑦を何といいますか。
また，記号を使って表しましょう。

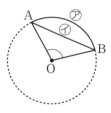

(2) A，Bを両端とする線分⑦を何といいますか。

2 おうぎ形の弧の長さと面積　次のおうぎ形の弧の長さと面積をそれぞれ求めま
しょう。

(1) 半径6cm，中心角60°　　　(2) 半径4cm，中心角90°

πを忘れてい
ないかな。

(3) 半径12cm，中心角120°　　　(4) 半径18cm，中心角30°

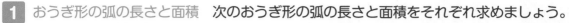

1 おうぎ形の弧の長さと面積　次のおうぎ形の弧の長さと面積をそれぞれ求めましょう。

(1)　半径 2cm，中心角 270°

(2)　半径 5cm，中心角 72°

(3)　半径 12cm，中心角 15°

(4)　半径 8cm，中心角 45°

(5)　半径 10cm，中心角 36°

(6)　半径 9cm，中心角 240°

(7)　半径 20cm，中心角 225°

(8)　半径 4.5cm，中心角 160°

2 おうぎ形の中心角　次のおうぎ形の中心角をそれぞれ求めましょう。

(1)　半径が 6cm で，弧の長さが 4πcm

(2)　半径が 15cm で，弧の長さが 5πcm

(3)　半径が 9cm で，面積が 9πcm^2

↗ ステップアップ

3 半径が 12cm で，弧の長さが 9πcm のおうぎ形があります。このおうぎ形の面積は何 cm^2 か，求めましょう。

4 作図①
二等分線を理解しよう

✔ チェックしよう！

☑ 線分を2等分する点を中点（ちゅうてん）といい，線分の中点を通り，その線分に垂直な直線をその線分の垂直二等分線という。線分の垂直二等分線は，図1のように作図する。線分の垂直二等分線上の点は，線分の両端の点から等しい距離にある。

☑ 角を2等分する直線を，その角の二等分線という。角の二等分線は，図2のように作図する。
角の二等分線上の点は，角の2辺から等しい距離にある。

作図では，定規とコンパスを使うよ！

解説動画もチェック！

👆 覚えよう

図1

①線分の両端の点 A，B をそれぞれ中心として，等しい半径の円をかく。
②この2つの円の交点を直線で結ぶ。

✌ 覚えよう

図2

①点 O を中心とする円をかき，角の2辺 OX，OY との交点を，それぞれ P，Q とする。
②P，Q をそれぞれ中心として，等しい半径の円をかく。
③その交点の1つと点 O を直線で結ぶ。

確認問題

👆 **1** 垂直二等分線　次の線分 AB の垂直二等分線をそれぞれ作図しましょう。

(1)

A————————B

(2)

A

B

作図に使った線は残しておこう。

✌ **2** 角の二等分線　次の∠XOY の二等分線をそれぞれ作図しましょう。

(1)

X

Y　　　　　O

(2)

X

O　　　　　Y

1 垂直二等分線, 角の二等分線　次の直線または点を, 作図によって求めましょう。

(1) 辺 AB の垂直二等分線

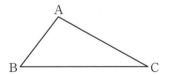

(2) 辺 BC の垂直二等分線と辺 AC の交点 P

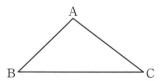

(3) 辺 BC 上にあって, 2 点 A, C から等しい距離にある点 P

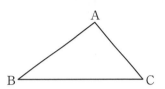

(4) 3 点 A, B, C を通る円

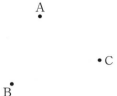

(5) ∠BAC の二等分線

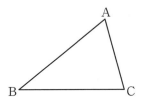

(6) 辺 AC 上にあって, 辺 AB, BC から等しい距離にある点 P

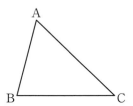

📈 ステップアップ

2 右の図の長方形 ABCD を, 点 B が点 D に重なるように折ったとき, 長方形 ABCD にできる折り目の線分を, 作図によって求めましょう。

垂直二等分線なのか, 角の二等分線なのか, それぞれの性質をよく考えよう。

5 作図②
垂線を理解しよう

✔チェックしよう！

解説動画も
チェック！

☑ 2つの直線が垂直に交わるとき，
一方をもう一方の垂線という。
垂線は，図1のように作図する。

☑ 円の接線は，接点を通る半径に垂直だから，円の接線の作図は，垂線の作図
を利用する。（図2）

👆覚えよう　図1

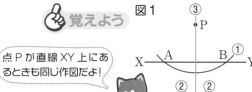

点Pが直線XY上にあ
るときも同じ作図だよ！

①点Pを中心とする円を
かき，直線XYとの交点
をA，Bとする。
②点A，Bをそれぞれ中
心として，等しい半径
の円をかく。
③その交点の1つと点P
を直線で結ぶ。

✌覚えよう　図2

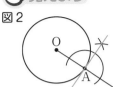

確認問題

1 垂線，円の接線の作図　次の直線をそれぞれ作図しましょう。

 (1) 点Pを通る直線ℓの垂線

 (2) 直線ℓ上の点Pを通る直線ℓの垂線

• P

ℓ ————————————

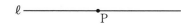

ℓ ——————•——————
　　　　　　P

 (3) 点Pを通る直線ℓの垂線

 (4) 点Aが接点となる円Oの接線

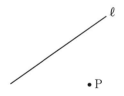

ℓ

• P

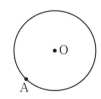

•O

A

垂線も接線も作図の
しかたは同じだよ。

1 垂線，円の接線の作図　次の作図をしましょう。

(1)　点 P を通る直線 ℓ の垂線

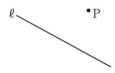

(2)　点 A が接点となる円 O の接線

(3)　△ABC の高さを表す線分 AP

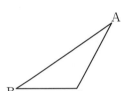

(4)　点 P を通り，直線 ℓ 上の点 Q で直線 ℓ に接する円

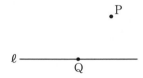

(5)　線分 AB を弦とする円において，周上の点 C を通る円の接線

(6)　△ABC の辺 AB，BC から等しい距離にあり，頂点 A に最も近い点 P

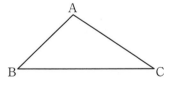

📈 ステップアップ

2 線分 AB に対して，∠BAC の大きさが⑴，⑵のようになる半直線 AC を，それぞれ1つずつ作図しましょう。

(1)　45°

(2)　30°

1 いろいろな立体

立体の種類を知ろう

✔チェックしよう！

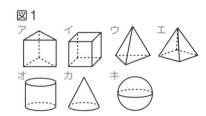

解説動画もチェック！

☑ 図1で，ア，イのような立体を角柱，ウ，エのような立体を角錐という。また，オは円柱，カは円錐，キは球という。角柱（角錐）は底面の形によって，三角柱（三角錐），四角柱（四角錐），…という。

図1

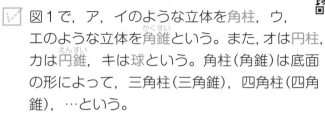

☑ 図1のア〜エのように，平面だけで囲まれた立体を多面体という。

☑ 多面体のうち，次の2つの性質をもち，へこみのない立体を正多面体といい，図2の5種類がある。

図2

 正四面体　正六面体（立方体）　正八面体

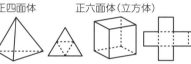

 覚えよう

正多面体の性質
・どの面も合同な正多角形
・どの頂点にも同じ数の面が集まる

正十二面体　　正二十面体

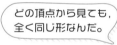 どの頂点から見ても，全く同じ形なんだ。

確認問題

1 いろいろな立体　右のア〜エの立体について，次の問いに答えましょう。

ア　イ　ウ　エ

(1) それぞれの立体の名前を答えましょう。

(2) ア〜エの立体のうち，多面体をすべて選び，記号で答えましょう。

2 正多面体　次の(1)〜(3)の展開図を組み立ててできる立体の名前を答えましょう。

(1) 　　(2) 　　(3)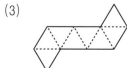

1 いろいろな立体　次の表にあてはまることばや数を書き入れて，表を完成させましょう。ただし，円柱・円錐の側面の形は，展開図にしたときの側面の形です。

	底面の形	底面の数	側面の形	側面の数	頂点の数	辺の数
三角柱						
四角柱						
三角錐						
四角錐						
円柱					✕	✕
円錐					✕	✕

2 正多面体　次の表にあてはまることばや数を書き入れて，表を完成させましょう。

	面の形	面の数	頂点の数	辺の数
正四面体				
正六面体				
正八面体				
正十二面体				

それぞれの立体の形を覚えておくといいね。

↗ ステップアップ

3 次の(1)，(2)は，正二十面体の頂点の数，辺の数の求め方を説明したものです。それぞれの□□□にあてはまる式や数を書いて，説明を完成させましょう。

(1)　正二十面体には合同な正三角形の面が□□個あるので，それらの頂点の数の合計は，□□□□□□□□□=□□□（個）です。正二十面体のひとつの頂点には□□個の面が集まっています。よって，正二十面体のひとつの頂点には，それぞれの面の正三角形の頂点が□□個ずつ重なることになります。したがって，正二十面体の頂点の数は，□□□□□□□□□=□□□□（個）です。

(2)　頂点の数と同じように考えると，正二十面体のそれぞれの面の正三角形の辺の数の合計は，□□□□□□□=□□□（本）です。正二十面体のひとつの辺には，それぞれの面の正三角形の辺が□□本ずつ重なっています。
よって，正二十面体の辺の数は，□□□□□□□=□□□（本）です。

2 空間内の平面と直線
空間内の位置関係

解説動画も
チェック！

✔チェックしよう！

☑ 空間内の2直線の位置関係（図1）

👆覚えよう
①交わる
②平行である 〉同じ平面上にある
③ねじれの位置 〉交わらない

図1
①交わる　②平行である　③ねじれの位置

☑ 直線と平面の位置関係（図2）
①直線が平面上にある　②1点で交わる　③平行である

☑ 2平面の位置関係（図3）　①交わる　②平行である
2つの平面P，Qがつくる角が直角のとき，PとQは垂直で，P⊥Qと表す。

図2①直線が平面上にある ②1点で交わる　③平行である　図3　①交わる　②平行である　※垂直である

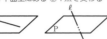   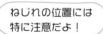

ℓ//P　P　P//Q　P⊥Q

確認問題

👆 **1** 直線どうし，面どうしの位置関係　右の図の直方体
ABCD−EFGH について，次の問いに答えましょう。

(1) 辺 AB と次の位置関係にある辺をすべて答えましょう。

① 平行な辺　　　　　　　　　② 垂直な辺

③ ねじれの位置にある辺

ねじれの位置には
特に注意だよ！

(2) 面 ABCD と次の位置関係にある面をすべて答えましょう。

① 平行な面　　　　　　　　　② 垂直な面

2 直線と面の位置関係　右の図の三角柱 ABC−DEF につい
て，次の辺や面をすべて答えましょう。

(1) 辺 AB に平行な面　　　　(2) 辺 AD に垂直な面

(3) 面 ABC に平行な辺　　　(4) 面 ABED に平行な辺

(5) 面 DEF に垂直な辺

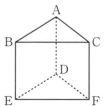

1 立体の辺や面の位置関係　右の図は，底面が正六角形の六角柱 ABCDEF－GHIJKL です。次の問いに答えましょう。

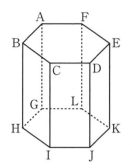

(1) 次の辺や面をすべて答えましょう。

① 辺 AG に垂直な辺

② 辺 AB に平行な辺

③ 辺 CD と平行な面

④ 辺 DJ に垂直な面

(2) 辺 BH とねじれの位置にある辺をすべて答えましょう。

ねじれの位置にある辺は，交わらず，平行でもない辺だよ。

(3) 面 AGLF と平行な辺の数を答えましょう。

2 立体の辺や面の位置関係　右の図は，底面が正方形の正四角錐 A－BCDE です。次の辺をすべて答えましょう。

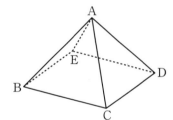

(1) 辺 AB と交わる辺

(2) 辺 AD とねじれの位置にある辺

(3) 辺 BC とねじれの位置にある辺

↗ ステップアップ

3 右の図は，立方体の展開図です。次の面をア～カからすべて答えましょう。

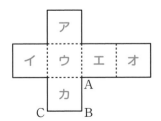

(1) 辺 AB と垂直な面

(2) 辺 AB と平行な面

(3) 辺 BC と平行な面

3 回転体
図形を動かしてできる立体

✔チェックしよう！

☑ 多角形や円をその面に垂直な方向に動かすと，角柱や円柱ができる。また，線分を多角形や円の周にそって1まわりさせると，角柱，円柱，角錐，円錐などができる。（図1）

図1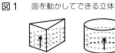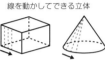
面を動かしてできる立体　　線を動かしてできる立体

☑ 円柱や円錐などのように，平面図形を，その平面上の直線 ℓ を軸として1回転させてできる立体を回転体という。このとき，円柱や円錐の側面をえがく辺 AB を母線という。（図2）

👆 覚えよう

図2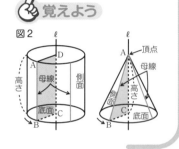

回転体を回転の軸をふくむ平面で切ると，回転の軸を対称の軸とする線対称な図形になるよ！

確認問題

1 面を動かしてできる立体　次の図形を，その図形に垂直な方向に動かしてできる立体の名前を答えましょう。

(1) 円　　　　　　　　　　　　(2) 五角形

2 回転体　次の図形を，直線 ℓ を軸として1回転させてできる立体の名前を答えましょう。

(1)
長方形

(2)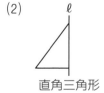
直角三角形

(3)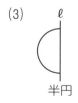
半円

3 回転体　右の図形を，直線 ℓ を軸として1回転させてできる立体の見取り図をかきましょう。

上下2つの三角形に分けて考えるといいよ。

66

1 面や線を動かしてできる立体　次の立体の名前を答えましょう。

(1)　長方形を，その長方形に垂直な方向に動かしてできる立体

(2)　円の周にそって，その円に垂直な線分を1まわりさせてできる立体

(3)　円の中心の真上の点Aと，その円周上の点Bを結ぶ線分ABを，円周にそって1まわりさせてできる立体

2 円柱　右の図の四角形ABCDは長方形です。この長方形ABCD を，辺CDを軸として1回転させてできる立体について，次の問いに答えましょう。

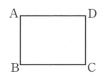

(1)　この立体の名前を答えましょう。

(2)　この立体を，辺CDに垂直な平面で切ったとき，切り口の図形の名前を答えましょう。

(3)　この立体を，辺CDをふくむ平面で切ったとき，切り口の図形の名前を答えましょう。

↗ ステップアップ

3 次の(1)，(2)の図形を，直線ℓを軸として1回転させてできる立体の見取り図をかきましょう。

(1)

直角三角形とおうぎ形
を組み合わせた図形

(2)

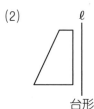

台形

4 投影図
立体の表し方を知ろう

✔チェックしよう！

- 立体を真上から見た図と正面から見た図で表す方法がある。
  立面図（りつめんず）…正面から見た図
  平面図（へいめんず）…真上から見た図
  立面図と平面図をあわせて投影図（とうえいず）という。
  例えば，円柱の投影図は，右のようになる。
  実際に見える線は実線，うしろにかくれ
  て見えない線は破線で表す。

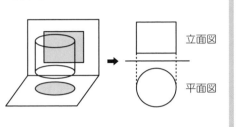

立面図

平面図

立面図と平面図だけでわからないときには，側面から見た図を加えることもあるよ！

確認問題

1 投影図　次の投影図は，四角柱，三角錐，四角錐のうち，どの立体を表していますか。
名前を答えましょう。

(1)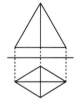

(2)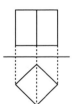

(3)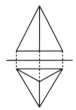

2 投影図　次の立体の投影図のたりない部分をかき入れ，図を完成させましょう。

(1) 正三角柱

(2) 円錐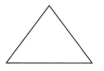

立体をいろいろな方向から見てみようね。

1 投影図　次の投影図は，円柱，三角柱，五角柱，四角錐，正八面体，半球のうち，どの立体を表していますか。名前を答えましょう。

(1)
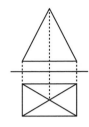

(2)
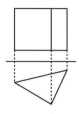

(3)
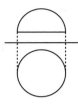

(4)
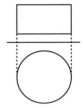

(5)

(6)
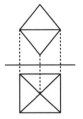

2 投影図　次の立体の投影図のたりない部分をかき入れ，図を完成させましょう。

(1)　三角柱

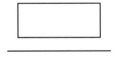

(2)　正四角錐

📈 ステップアップ

3 次の(1)，(2)は，ある立体の投影図です。それぞれの立体の見取り図をかきましょう。

(1)
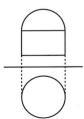

(2)
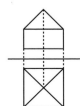

5 立体の表面積と体積①
表面積の求め方

✔チェックしよう！

☑ 立体のすべての面の面積の和を表面積という。
また，すべての側面の面積の和を側面積，1つの底面の面積を底面積という。

👆覚えよう　角柱・円柱の表面積＝（底面積）×2＋（側面積）

円柱の底面の半径を r，高さを h とすると，円柱の表面積＝$2\pi r^2 + 2\pi rh$

👆覚えよう　角錐・円錐の表面積＝（底面積）＋（側面積）

底面積は底面1つの面積であることに注意！

確認問題

 1 角柱・円柱の表面積　次の角柱や円柱の表面積を求めましょう。

(1) 正四角柱

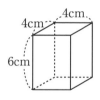
4cm　4cm
6cm

(2) 三角柱

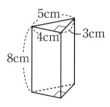
5cm
4cm　3cm
8cm

(3) 円柱

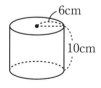
6cm
10cm

(4) 円柱

3cm
9cm

 2 角錐・円錐の表面積　次の角錐や円錐の表面積を求めましょう。

(1) 正四角錐

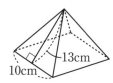
13cm
10cm

(2) 円錐

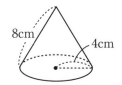
8cm　4cm

円錐の側面はおうぎ形だね。
その中心角は？

1 立体の表面積　次の立体の表面積を求めましょう。

(1)　底面の半径が 5cm で，高さが 10cm の円柱

(2)　底面の半径が 8cm で，高さが 3cm の円柱

(3)　底面の半径が 6cm で，母線の長さが 18cm の円錐

(4)　底面の半径が 2cm で，母線の長さが 8cm の円錐

(5)　三角柱

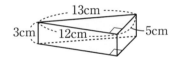

(6)　円錐

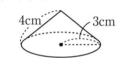

(7)　底面がひし形の四角柱

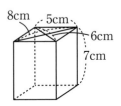

(8)　円柱を半分に切った立体

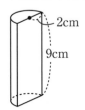

(9)　正四角錐と正四角柱を
　　組み合わせた立体

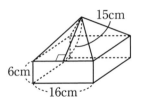

(10)　円錐と円柱を組み合わせた立体

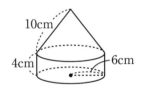

6 立体の表面積と体積②
体積の求め方

✔チェックしよう！

解説動画もチェック！

☑ 角柱・円柱，角錐・円錐の底面積を S，
高さを h，体積を V とする。また，円柱，円錐の底面の半径を r とすると，

👆覚えよう　角柱・円柱の体積…$V = Sh$　　　特に，円柱の体積…$V = \pi r^2 h$

✌覚えよう　角錐・円錐の体積…$V = \dfrac{1}{3}Sh$　　　特に，円錐の体積…$V = \dfrac{1}{3}\pi r^2 h$

☑ 球の半径を r，表面積を S，体積を V とすると，

🤟覚えよう　$S = 4\pi r^2$　　　$V = \dfrac{4}{3}\pi r^3$

公式の係数の部分は，
正しく覚えよう！

確認問題

👆 **1** 角柱・円柱の体積　**次の角柱や円柱の体積を求めましょう。**

(1)　底面が 1 辺 4cm の正方形で，高さが 8cm の正四角柱

(2)　底面の半径が 3cm で，高さが 5cm の円柱

✌ **2** 角錐・円錐の体積　**次の角錐や円錐の体積を求めましょう。**

(1)　底面が 1 辺 6cm の正方形で，高さが 5cm の正四角錐

(2)　底面の半径が 4cm で，高さが 9cm の円錐

(3)　底面の半径が 12cm で，高さが 4cm の円錐

公式に正確に
あてはめよう。

🤟 **3** 球の表面積と体積　**次の球の表面積と体積を求めましょう。**

(1)　半径が 6cm の球　　　　(2)　半径が 2cm の球

1 立体の体積　次の立体の体積を求めましょう。

(1)　底面の半径が 5cm で，高さが 6cm の円柱

(2)　底面の半径が 2cm で，高さが 12cm の円錐

(3)　三角錐

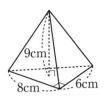

(4)　三角錐

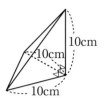

(5)　四角柱

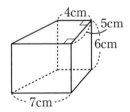

(6)　円錐と円柱を組み合わせた立体

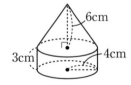

(7)　円錐と円錐を組み合わせた立体

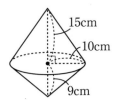

(8)　円柱から円錐をくりぬいた立体

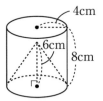

2 球の一部の立体の表面積と体積　次の立体の表面積と体積を求めましょう。

(1)　半球

(2)　球を 4 等分した立体

データの分布を表す表

度数分布表でデータの特徴をとらえよう

✔チェックしよう！

解説動画も
チェック！

☑ データの散らばりのようすを分布といい，分布の特徴を表す平均値，中央値，最頻値などの数値を，データの代表値という。

データがどれも同じような値だと，範囲は小さくなるよ。

☑ データの散らばりの程度は範囲で表すことができる。

☝覚えよう　範囲＝（最大の値）－（最小の値）

☑ 右のような表を度数分布表という。

✌覚えよう　階級………データを整理するための区間
階級の幅…区間の幅（a 以上 b 未満のとき $b-a$）
階級値……階級のまん中の値
（a 以上 b 未満のとき $(a+b)÷2$）
度数………各階級にふくまれるデータの個数

度数分布表

通学時間(分)	度数(人)
以上　　未満 5 ～ 10	5
10 ～ 15	10
15 ～ 20	8
20 ～ 25	4
25 ～ 30	3
計	30

確認問題

☝ **1** 代表値，範囲　右の資料は，あるクラスの生徒18人の数学の小テスト(10点満点)の得点です。得点の平均値，中央値，最頻値，範囲をそれぞれ求めましょう。

7	6	5	4	7	6	8
7	4	5	7	3	8	5
9	4	7	6	(単位は点)		

データを大きさの順に並べ直してみよう！

✌ **2** 度数分布表　右の資料は，あるクラスの男子生徒18人のハンドボール投げの記録です。次の問いに答えましょう。

(1) 記録 24m が入る階級の階級値を答えましょう。

(2) 右の度数分布表を完成させましょう。

25	29	36	30	22	26	33
29	18	21	24	31	42	34
27	28	23	38	(単位は m)		

階級(m)	度数(人)
以上　　未満 15 ～ 20	
20 ～ 25	
25 ～ 30	
30 ～ 35	
35 ～ 40	
40 ～ 45	
計	18

1 代表値　右の資料は，あるクラスの生徒 35 人の通学時間です。通学時間の中央値，最頻値，範囲をそれぞれ求めましょう。

8	12	17	24	7	21	20	15	9	12
16	15	12	18	21	29	6	12	15	20
18	10	25	15	32	14	27	18	21	15
17	23	37	29	14				（単位は分）	

2 代表値，度数分布表　右の度数分布表は，ある中学校の陸上部員 25 人の握力をまとめたものです。次の問いに答えましょう。

(1) 階級の幅を答えましょう。

(2) 記録 25kg がふくまれるのは何 kg 以上何 kg 未満の階級か，答えましょう。

(3) 中央値がふくまれるのは何 kg 以上何 kg 未満の階級か，答えましょう。

階級(kg)		度数(人)
以上	未満	
20 ～	25	4
25 ～	30	4
30 ～	35	8
35 ～	40	6
40 ～	45	2
45 ～	50	1
計		25

↗ ステップアップ

3 度数分布表　右の表は，あるクラスの生徒 35 人について，2 学期に読んだ本の冊数を調べて，度数分布表にまとめたものです。読んだ冊数が 10 冊未満の生徒は 7 人でした。次の問いに答えましょう。

(1) 階級の幅を答えましょう。

(2) ア，イにあてはまる数を求めましょう。

階級(冊)		度数(人)
以上	未満	
0 ～	5	2
5 ～	10	ア
10 ～	15	イ
15 ～	20	7
20 ～	25	6
25 ～	30	4
計		35

2 データの分布を表すグラフ
ヒストグラムと度数折れ線

✔ チェックしよう！

 度数分布表を柱状グラフで表したものを
ヒストグラムという。

 ヒストグラムの長方形の上辺の中点を結んだグラフを度数折れ線という。

 度数の合計が異なるデータ同士を比べるときは，相対度数を用いるとよい。

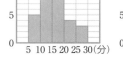

 覚えよう　**相対度数＝（その階級の度数）÷（度数の合計）**

割合だと，比べやすくなるんだね。

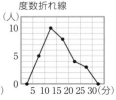

確認問題

1 ヒストグラム，度数折れ線
右の度数分布表は，あるクラスの生徒30人の身長をまとめたものです。この表をもとに，ヒストグラムと度数折れ線をかきましょう。

階級(cm)	度数(人)
以上　　　未満	
140 ～ 145	2
145 ～ 150	7
150 ～ 155	9
155 ～ 160	6
160 ～ 165	4
165 ～ 170	2
計	30

 2 相対度数　右の表は，A中学校とB中学校の男子バレー部員の垂直跳びの記録をまとめたものです。表のア～オにあてはまる数を求めましょう。

階級(cm)	A中学校		B中学校	
	度数(人)	相対度数	度数(人)	相対度数
以上　　未満				
40 ～ 45	1	0.05	3	0.12
45 ～ 50	6	ア	8	0.32
50 ～ 55	9	イ	9	エ
55 ～ 60	4	0.20	5	オ
計	20	1.00	ウ	1.00

 それぞれの中学校で部員の数がちがうんだね。

1 ヒストグラム，度数折れ線

右の度数分布表は，ある中学校の1年生30人の50m走の記録をまとめたものです。この表をもとに，右の図にヒストグラムと度数折れ線をかきましょう。

階級（秒）			度数（人）
以上		未満	
7.0	～	7.5	2
7.5	～	8.0	5
8.0	～	8.5	11
8.5	～	9.0	6
9.0	～	9.5	4
9.5	～	10.0	2
計			30

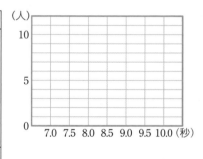

2 ヒストグラム　右のヒストグラムは，ある女子生徒50人の50m走の記録をまとめたものです。次の問いに答えましょう。

(1)　9.0秒以上9.5秒未満の階級の度数を答えましょう。

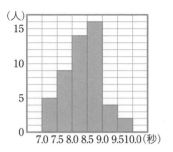

(2)　記録が8.0秒未満の生徒の人数を求めましょう。

(3)　中央値がふくまれるのは何秒以上何秒未満の階級か，答えましょう。

↗ ステップアップ

3 ある中学校の1年生に対し，休日のテレビの視聴時間を調べました。右の図は，その結果を1年1組と1年生全体で分けて相対度数の折れ線で表したものです。次の問いに答えましょう。

(1)　1年生全体で見たとき，相対度数が最も大きいのは何分以上何分未満の階級ですか。

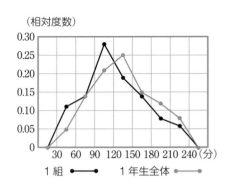

(2)　90分以上120分未満と答えた生徒の割合が多かったのは1組と1年生全体のどちらですか。

3 累積度数と確率
度数分布表と累積度数

✔チェックしよう！

☑ 度数分布表において各階級以下または以上の度数をたし合わせたものを累積度数という。

☑ 累積度数を表にまとめたものを累積度数分布表という。

☑ 度数の合計に対する累積度数の割合を累積相対度数という。

☑ あることがらのおこりやすさの程度を表す数を確率という。
　確率＝（データの個数がとても多いときの相対度数）

> 「度数分布表」と「累積度数分布表」を目的に応じて使い分けよう！

通学時間(分)	度数(人)	累積度数(人)
以上　未満		
5 ～ 15	5	5
10 ～ 15	10	15
15 ～ 20	8	23
20 ～ 25	4	27
25 ～ 30	3	30
計	30	

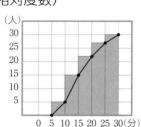

確認問題

1 累積度数　右の表は，あるテーマパークの人気アトラクションにおける直近 60 日間の待ち時間を度数分布表にまとめたものです。

(1) 累積度数を調べ，累積度数分布表を完成させましょう。

階級(分)	度数(日)	累積度数(日)
以上　未満		
0 ～ 15	8	
15 ～ 30	16	
30 ～ 45	20	
45 ～ 60	11	
60 ～	5	
計	60	

(2) 待ち時間が 45 分以内の日は何日ありましたか。

2 確率　右の表は 1 個のさいころを投げたときに 1 の目が出た回数をまとめたものです。値は計算機を用いて，小数第 3 位を四捨五入して答えましょう。

投げた回数	100	300	600	100	2000
1 の目が出た回数	20	52	96	167	333

(1) さいころを 300 回投げた場合において，1 の目が出た回数の相対度数を調べましょう。

(2) 表からさいころ 1 個を投げる場合において，1 の目が出る確率はいくらであると考えられますか。

1 累積度数分布表　右の表は，ある水族館の直近 50 日間における入場待ち時間を度数分布表にまとめたものです。

階級(分)	度数(日)	累積度数	累積相対度数
以上　未満 0 ～ 15	5		
15 ～ 30	9		
30 ～ 45	14		
45 ～ 60	10		
60 ～ 75	8		
75 ～ 90	4	50	1
計	50		

(1) 累積度数と累積相対度数を調べ，累積度数分布表を完成させましょう。

(2) 待ち時間が 60 分未満の日は何日ありましたか。

(3) 待ち時間が 30 分未満の日は全体の何%あったか，求めましょう。

2 確率　ある遊園地の迷路は，右下の図のように，左右に道が続いている突き当りがあります。下の表は，迷路の挑戦者のうち，この突き当たりで右の道を選んだ人数を表したものです。

挑戦者数	100	300	700	1000
右を選んだ人数	64	207	482	688

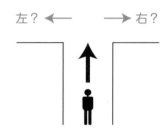

(1) 挑戦者が 100 人のときと 300 人のときにおいて，右の道を選んだ人の割合を求めましょう。

(2) この突き当たりにおいて，右を選ぶ人の確率はいくらに近づくと考えられますか。割合の小数第 3 位を四捨五入して答えましょう。

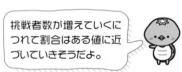
挑戦者数が増えていくにつれて割合はある値に近づいていきそうだよ。

↗ ステップアップ

3 ある中学校の A 組（30 人），B 組（40 人）の生徒に対し，1 週間の学習時間を調べました。右の図は，その結果を累積相対度数の折れ線で表したものです。この図から読み取れることとして適切なものを，次のア〜エからすべて選びましょう。

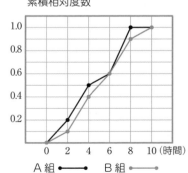
累積相対度数

ア A 組では，4 時間未満と答えた生徒が 15 人いる。

イ 4 時間未満と答えた生徒数は A 組の方が多い。

ウ A 組と B 組で 6 時間未満と答えた生徒の割合は等しい。

エ A 組に 8 時間以上と答えた生徒はいない。

初版
第 1 刷　2021 年 7 月 1 日　発行
第 2 刷　2022 年 8 月 1 日　発行

●編　者
　　数研出版編集部
●カバー・表紙デザイン
　　株式会社クラップス

発行者　星野　泰也

ISBN978-4-410-15531-4

新課程　とにかく基礎　中1数学

発行所　数研出版株式会社

本書の一部または全部を許可なく
複写・複製することおよび本書の
解説・解答書を無断で作成するこ
とを禁じます。

〒101-0052　東京都千代田区神田小川町 2 丁目 3 番地 3
　　　　　　　〔振替〕00140-4-118431
〒604-0861　京都市中京区烏丸通竹屋町上る大倉町205番地
〔電話〕代表　(075)231-0161
ホームページ　https://www.chart.co.jp
印刷　創栄図書印刷株式会社
　　　乱丁本・落丁本はお取り替えいたします　220702

とにかく基礎 中1数学 答えと解説

第1章　正の数と負の数

1　正の数と負の数①

確認問題　——————— 4ページ

1. (1) -9　　　　(2) $+2.5$
2. (1) -8個多い　(2) -4℃低い
3. (1) -0.2, -4, -7
   (2) 5, -4, -7, $+12$, 0
   (3) 5, $+12$

練習問題　——————— 5ページ

1. (1) $+\dfrac{5}{3}$　　　(2) -0.25
2. (1) -25人の減少　(2) -300m 北
   (3) 1000円の収入　(4) 50m 短い
3. (1) $+0.04$, $+6$, 9, $+1$, 0.4
   (2) -2, $+6$, -11, 9, 0, $+1$
   (3) $+6$, 9, $+1$
4. (1) A -6　　　B -1.5
   　　C $+0.5$　　D $+4$
   (2)

A　　　B　　　C　　　　D
-5　　　　　0　　　　　$+5$

2　正の数と負の数②

確認問題　——————— 6ページ

1. (1) 8　　　(2) $\dfrac{3}{4}$　　(3) 0.7
   (4) 18　　(5) 0.01　(6) $\dfrac{16}{9}$
2. (1) $+3$, -3　　(2) $+12$, -12
   (3) $+0.5$, -0.5
3. (1) $+4>-2$　　(2) $-7<0$
   (3) $-5>-9$　　(4) $-2<-1$

練習問題　——————— 7ページ

1. (1) 5　　　(2) 1.2　　(3) 2.4
   (4) 0　　　(5) $\dfrac{10}{7}$　(6) 10.8
2. (1) $+15$, -15　(2) $+\dfrac{2}{5}$, $-\dfrac{2}{5}$
   (3) 0　　　　　(4) $+0.03$, -0.03
   (5) $+\dfrac{7}{12}$, $-\dfrac{7}{12}$　(6) $+2.7$, -2.7
3. (1) $-6<+1$　　(2) $+4>-3$
   (3) $-0.8>-1.1$　(4) $-2>-\dfrac{5}{2}$
   (5) $-0.7<-\dfrac{2}{3}<0$　(6) $-1<-\dfrac{7}{8}<-\dfrac{4}{5}$
4. (1) -2, -1, 0, 1, 2　(2) 9個
   (3) -6, -5, -4, 4, 5, 6

練習問題の解説

4. (2) 4以下は4をふくむので，-4, -3, -2,
   　　-1, 0, 1, 2, 3, 4の9個。
   (3) 「3より大きい」，「7より小さい」は3，7
   　　をふくまない。よって，絶対値が3より大きく，
   　　7より小さい整数は，絶対値が4以上6以下
   　　の整数なので，-6, -5, -4, 4, 5, 6。

3　加法と減法①

確認問題　——————— 8ページ

1. (1) $+8$　　(2) -11　(3) $+4$
   (4) -3　　(5) -7　　(6) $+6$
2. (1) $+3$　　(2) $+7$　　(3) -5
   (4) $+13$　(5) -10　(6) -15

練習問題　——————— 9ページ

1. (1) $+23$　(2) $+5$　　(3) -9
   (4) -17　(5) $+41$　(6) -18
   (7) 0　　(8) -16
2. (1) $+9$　　(2) $+7$　　(3) $+43$
   (4) -42　(5) -9　　(6) -13
   (7) $+9$　　(8) $+30$
3. (1) -3.9　(2) $-\dfrac{7}{3}$　(3) $-\dfrac{4}{3}$
   (4) $+19.3$

練習問題の解説

3. (1) $(-5.7)+(+1.8)=-(5.7-1.8)=-3.9$
   (2) $\left(-\dfrac{2}{3}\right)-\left(+\dfrac{5}{3}\right)=\left(-\dfrac{2}{3}\right)+\left(-\dfrac{5}{3}\right)$
   　　$=-\left(\dfrac{2}{3}+\dfrac{5}{3}\right)=-\dfrac{7}{3}$
   (3) $\left(-\dfrac{11}{12}\right)+\left(-\dfrac{5}{12}\right)=-\left(\dfrac{11}{12}+\dfrac{5}{12}\right)=-\dfrac{16}{12}$

1

$$= -\frac{4}{3}$$

(4) $(+6.8)-(-12.5)=(+6.8)+(+12.5)$
$$= +(6.8+12.5)=+19.3$$

4 加法と減法②

1 (1) 6   (2) 19   (3) -8
   (4) -12 (5) 6   (6) -6

2 (1) -6 (2) -8 (3) 0
   (4) 8   (5) 13   (6) -8

1 (1) -2 (2) 2.2   (3) -12
   (4) -2.8 (5) -6.9 (6) -6
   (7) -12 (8) -3.2 (9) $-\dfrac{1}{3}$
   (10) $-\dfrac{5}{12}$ (11) 14   (12) -39
   (13) 0.6   (14) 1.28   (15) $-\dfrac{2}{3}$
   (16) $\dfrac{4}{15}$

2 (1) 3   (2) -2.7 (3) -17
   (4) -1

練習問題の解説

2 (1) $-6-(-5-4)=-6-(-9)=-6+9=3$

(2) $(2.7-4.8)+(-3+2.4)=(-2.1)+(-0.6)$
$$=-2.1-0.6=-2.7$$

(3) $7-\{15-(-9)\}=7-(15+9)=7-24$
$$=-17$$

(4) $-12+\{5-(2-8)\}=-12+\{5-(-6)\}$
$$=-12+(5+6)=-12+11=-1$$

5 乗法と除法①

1 (1) 14   (2) 48   (3) -36
   (4) 60   (5) 2   (6) -108
   (7) 100   (8) -180

2 (1) 9   (2) 125   (3) -9
   (4) -8

1 (1) 192   (2) -121 (3) 7.2

(4) -12 (5) -4.5 (6) 6
(7) -12 (8) $\dfrac{1}{3}$

2 (1) 2.25   (2) 0.04   (3) -0.125
   (4) -1 (5) 16   (6) $\dfrac{4}{9}$
   (7) $-\dfrac{9}{16}$ (8) $-\dfrac{27}{8}$

3 (1) 24   (2) -45 (3) -14.4
   (4) -18 (5) -160 (6) $\dfrac{1}{6}$

練習問題の解説

3 (4) $-2\times(-3)^2=-2\times9=-18$

(5) $(-4)^3\times2.5=-64\times2.5=-160$

(6) $\left(-\dfrac{9}{16}\right)\times\left(-\dfrac{2}{3}\right)^3=\left(-\dfrac{9}{16}\right)\times\left(-\dfrac{8}{27}\right)=\dfrac{1}{6}$

6 乗法と除法②

1 (1) 6   (2) 7   (3) -8
   (4) -7 (5) -24 (6) 18
   (7) -6 (8) -12

2 (1) $\dfrac{1}{5}$ (2) $-\dfrac{3}{2}$ (3) $\dfrac{4}{15}$
   (4) $-\dfrac{10}{3}$

1 (1) -9 (2) 27   (3) -16
   (4) -12 (5) -2.5 (6) $\dfrac{1}{3}$
   (7) -0.6 (8) 1.6   (9) -1.8
   (10) -12 (11) 5   (12) $-\dfrac{2}{3}$
   (13) $\dfrac{1}{8}$ (14) $-\dfrac{8}{5}$

2 (1) 12   (2) -42 (3) -6.4
   (4) $\dfrac{4}{3}$ (5) 6   (6) -18

練習問題の解説

2 (4) $\dfrac{3}{5}\times\left(-\dfrac{10}{7}\right)\div\left(-\dfrac{9}{14}\right)=\dfrac{3}{5}\times\dfrac{10}{7}\times\dfrac{14}{9}=\dfrac{4}{3}$

(5) $(-6)^2\times(-2)\div(-12)=36\times(-2)\div(-12)$
$$=36\times2\times\dfrac{1}{12}=6$$

(6) $(-2)^3\div(-4)\times(-3^2)$
$$=(-8)\div(-4)\times(-9)=-\left(8\times\dfrac{1}{4}\times9\right)=-18$$

7 いろいろな計算①

確認問題 ─────────── 16 ページ

1 (1) -2　　(2) 6　　(3) -2

　　(4) 4　　(5) -4　　(6) -3

2 (1) -7　　(2) 5　　(3) 314

　　(4) -120　(5) -1710 (6) -7

練習問題 ─────────── 17 ページ

1 (1) -14　(2) 11　　(3) $\dfrac{1}{4}$

　　(4) -4　　(5) 8　　(6) $-\dfrac{7}{4}$

　　(7) 3　　(8) 3　　(9) 23

　　(10) 21　(11) -62.8 (12) -4

　　(13) 13　(14) -4

2 (1) -59　(2) -13　(3) 12

　　(4) 36

練習問題の解説

2 (1) $(-3)\times9+4\times(3-5)^3=-27+4\times(-2)^3$
$=-27+4\times(-8)=-27-32=-59$

(2) $-5\times3+32\div(8-12)^2=-15+32\div(-4)^2$
$=-15+32\div16=-15+2=-13$

(3) $(-2)\times\{30\div(2-7)\}=(-2)\times\{30\div(-5)\}$
$=(-2)\times(-6)=12$

(4) $5\times(-3)^2+(-6^2)\div2^2=5\times9+(-36)\div4$
$=45-9=36$

8 いろいろな計算②

確認問題 ─────────── 18 ページ

1 (1) 18, 3

　　(2) -5, 18, 0, 3

2 (1) $2^4\times3$　　　(2) $2^2\times3\times5\times7$

3 148cm

練習問題 ─────────── 19 ページ

1 (1) 9, $+4$, 15

　　(2) -8, 9, $+4$, -1, 15

2 (1) 5点　　　(2) 27点

　　(3) 81点　　　(4) 90点

3 (1) 9.4kg　　(2) 1kg

　　(3) 38.8kg　　(4) 43kg

練習問題の解説

2 (3) $72+9=81$(点)

(4) 第2回と第3回の得点の差は,
$(+12)-(-8)=20$(点)だから, 第2回の得点は, $70+20=90$(点)

3 (2) 基準の重さとの差の平均を求めると,
$(-1.2+3.6+6.4-3-0.8)\div5=1$(kg)

(3) 基準の重さは, $41-1=40$(kg)だから, Aの体重は, $40-1.2=38.8$(kg)

(4) 基準の重さは, $45.6-3.6=42$(kg)だから, 5人の生徒の体重の平均は, $42+1=43$(kg)

第2章　文字と式

1 文字を使った式①

確認問題 ─────────── 20 ページ

1 (1) $-a$　　(2) x^2y　　(3) $0.1ab$

　　(4) $\dfrac{p}{3}$　　(5) $\dfrac{a}{x}$　　(6) $\dfrac{4}{5x}$

2 (1) $-5\times a$　　(2) $x\times y\times y$

　　(3) $-3\times(x+y)$　(4) $a\div4$

　　(5) $x\div2\div y$　　(6) $1\div a\div b$

練習問題 ─────────── 21 ページ

1 (1) $-2x$　(2) a^3　　(3) $-0.1ab$

　　(4) $\dfrac{x+2}{a}$　(5) $\dfrac{xy}{a}$　(6) $\dfrac{p}{x+y}$

　　(7) $\dfrac{m}{2n}$　(8) $\dfrac{a}{bc^2}$　(9) $a-\dfrac{2}{b}$

　　(10) $2x-3y^2$ (11) $\dfrac{a}{2x-y}$ (12) $-\dfrac{2a}{b}+c^2$

2 (1) $-5\times x\times x\times y\times y$

　　(2) $6\times a\div x\div y$

　　(3) $a\times a\times(x+y)$

　　(4) $(m+n)\div x$

　　(5) $a\times x-b\times b$

　　(6) $3\times(x+y)+x\div2$

3 (1) $\dfrac{a(x+y)^2}{p(q-3)}$　　(2) $\dfrac{a+bc^2}{3x(y-z)}$

2 文字を使った式②

確認問題 ─────────── 22 ページ

1 (1) $5x$ 円　　　(2) x^3cm^3

　　(3) $\dfrac{2}{x}$ L　　　(4) $120x+500$(g)

2 (1) 5　　　(2) 4　　　(3) 16
　　(4) −3

1 (1) $1000-3x$（円）　(2) $6a^2$cm^2
　　(3) $\dfrac{12}{x}$ 時間　　　(4) $20-4a$（km）
　　(5) $\dfrac{97x}{100}$ 人　　　(6) $\dfrac{4x}{5}$ 円

2 (1) 11　　　(2) −8　　　(3) 25
　　(4) 8　　　(5) $-\dfrac{11}{3}$　　(6) −2

3 (1) 4　　　(2) 7

練習問題の解説

3 (1) $3x^2y-xy^2=3\times\left(-\dfrac{1}{3}\right)^2\times3-\left(-\dfrac{1}{3}\right)\times3^2$
　　　$=3\times\dfrac{1}{9}\times3-\left(-\dfrac{1}{3}\right)\times9=1-(-3)=1+3=4$
　　(2) $a^2-6ab-8b=(-2)^2-6\times(-2)\times\dfrac{3}{4}-8\times\dfrac{3}{4}$
　　　$=4-(-9)-6=4+9-6=7$

3 文字式の計算①

1 (1) 項 $2x,\ 3y$
　　　x の項の係数 2, y の項の係数 3
　　(2) 項 $-3a,\ b$
　　　a の項の係数 −3, b の項の係数 1
　　(3) 項 $-5x,\ 4y,\ 2$
　　　x の項の係数 −5, y の項の係数 4
　　(4) 項 $2m,\ -3n,\ -1$
　　　m の項の係数 2, n の項の係数 −3

2 (1) $9x$　　　　(2) $-4a$
　　(3) $5x-2$　　(4) $-a+2$
　　(5) $8x-3$　　(6) $-7a-6$

1 (1) 項 $-3x,\ 2y$
　　　x の項の係数 −3, y の項の係数 2
　　(2) 項 $a,\ -b,\ 1$
　　　a の項の係数 1, b の項の係数 −1
　　(3) 項 $\dfrac{2}{3}x,\ -\dfrac{1}{2}y,\ 3$
　　　x の項の係数 $\dfrac{2}{3}$, y の項の係数 $-\dfrac{1}{2}$

　　(4) 項 $\dfrac{x}{3},\ -\dfrac{y}{5}$
　　　x の項の係数 $\dfrac{1}{3}$, y の項の係数 $-\dfrac{1}{5}$

2 (1) $-8x$　　　(2) $-2a$
　　(3) $-x+3$　　(4) $-2m-3$
　　(5) $\dfrac{6}{5}x+2$　　(6) $-a-5$
　　(7) $8x-4$　　(8) $-5a+3$
　　(9) $3x+3$　　(10) $-2a+7$
　　(11) $3x-5$　　(12) $\dfrac{3}{5}a-\dfrac{2}{3}$

3 (1) 和 $9x+3$　　　差 $x+9$
　　(2) 和 $8x+2$　　　差 $-2x-16$
　　(3) 和 $2x+7$　　　差 $-4x-3$
　　(4) 和 $-5a-14$　　差 $-a+2$

練習問題の解説

3 (1) $(5x+6)+(4x-3)=5x+6+4x-3=9x+3$
　　　$(5x+6)-(4x-3)=5x+6-4x+3=x+9$
　　(2) $(3x-7)+(5x+9)=3x-7+5x+9=8x+2$
　　　$(3x-7)-(5x+9)=3x-7-5x-9$
　　　$=-2x-16$
　　(3) $(-x+2)+(3x+5)=-x+2+3x+5$
　　　$=2x+7$
　　　$(-x+2)-(3x+5)=-x+2-3x-5$
　　　$=-4x-3$
　　(4) $(-3a-6)+(-2a-8)=-3a-6-2a-8$
　　　$=-5a-14$
　　　$(-3a-6)-(-2a-8)=-3a-6+2a+8$
　　　$=-a+2$

4 文字式の計算②

1 (1) $8x$　　　　(2) $-6a$
　　(3) $6x-10$　　(4) $5a-4$
　　(5) $3x-15$　　(6) $-4a+3$

2 (1) $7x+3$　　(2) $x-17$
　　(3) $13a-6$　　(4) $-7x+5$

1 (1) $-2a$　　　(2) $16y$
　　(3) $3x-4$　　(4) $-4x+3$
　　(5) $-3a+7$　　(6) $25x+35$

2 (1) $7x+4$　　(2) $-2a-21$
(3) $16x-18$　　(4) $-a+29$
(5) $4m+28$　　(6) $8x-3$
(7) $2a-19$　　(8) $6x+8$
(9) $2a-16$　　(10) $4x-7$

3 (1) $8x+7$　　(2) $3a+1$
(3) $\dfrac{1}{2}x+\dfrac{1}{3}$　　(4) $\dfrac{x-10}{12}$

練習問題の解説

3 (1) $\dfrac{1}{4}(8x-12)+\dfrac{2}{3}(9x+15)$
$=2x-3+6x+10=8x+7$

(2) $18\left(\dfrac{5}{6}a-\dfrac{2}{9}\right)-30\left(\dfrac{2}{5}a-\dfrac{1}{6}\right)$
$=15a-4-12a+5=3a+1$

(3) $\dfrac{1}{3}(2x-1)-\dfrac{1}{6}(x-4)=\dfrac{2}{3}x-\dfrac{1}{3}-\dfrac{1}{6}x+\dfrac{2}{3}$
$=\dfrac{4}{6}x-\dfrac{1}{6}x-\dfrac{1}{3}+\dfrac{2}{3}=\dfrac{3}{6}x+\dfrac{1}{3}=\dfrac{1}{2}x+\dfrac{1}{3}$

(4) $\dfrac{3x-2}{4}-\dfrac{2x+1}{3}=\dfrac{3(3x-2)-4(2x+1)}{12}$
$=\dfrac{9x-6-8x-4}{12}=\dfrac{x-10}{12}$

5　文字式の計算③

確認問題 ──────── 28 ページ

1 (1) $5x=y$　　(2) $12-a=b$
(3) $\dfrac{x}{3}=y$　　(4) $x=5y$

2 (1) $2x>a$　　(2) $xy\geqq500$
(3) $a+b<3000$

練習問題 ──────── 29 ページ

1 (1) $ab=S$　　(2) $8x+3y\leqq1200$
(3) $3000-60a\leqq600$ (4) $x=4y+5$
(5) $x=4a+1$　　(6) $4x+7<6x-3$
(7) $3a+8b=x$
(8) $1000-(3x+8y)\leqq150$

2 (1) $\dfrac{50000}{x}\geqq60y$　(2) $12-\dfrac{a}{4}=b$

練習問題の解説

1 (5) （わられる数）＝（わる数）×（商）＋（余り）
より，$x=4a+1$
(8) おつりは，出した金額から品物の代金をひ
いたものだから，$1000-(3x+8y)$（円）
よって，$1000-(3x+8y)\leqq150$

2 (1) 50L＝50000cm³ より，毎秒 $x$cm³ ずつ水
を入れたときにいっぱいになるまでにかかる
時間は，$\dfrac{50000}{x}$ 秒。y 分＝$60y$ 秒だから，
$\dfrac{50000}{x}\geqq60y$

(2) a 分＝$\dfrac{a}{60}$ 時間だから，時速 15km で a 分
間に進む道のりは，$15\times\dfrac{a}{60}=\dfrac{a}{4}$ (km)
よって，$12-\dfrac{a}{4}=b$

第3章　1次方程式

1　1次方程式①

確認問題 ──────── 30 ページ

1 ウ

2 (1) $x=1$　　(2) $x=3$
(3) $x=-1$　　(4) $x=4$
(5) $x=5$　　(6) $x=-2$
(7) $x=10$　　(8) $x=3$

練習問題 ──────── 31 ページ

1 イ，カ

2 (1) $x=2$　　(2) $x=-2$
(3) $x=1$　　(4) $x=3$
(5) $x=4$　　(6) $x=-3$
(7) $x=7$　　(8) $x=5$
(9) $x=8$　　(10) $x=6$
(11) $x=4$　　(12) $x=-3$
(13) $x=5$　　(14) $x=2$
(15) $x=-1$　　(16) $x=12$

2　1次方程式②

確認問題 ──────── 32 ページ

1 (1) $x=2$　　(2) $x=-1$
(3) $x=3$　　(4) $x=4$
(5) $x=-5$　　(6) $x=8$

2 (1) $x=6$　　(2) $x=4$
(3) $x=-3$　　(4) $x=3$

練習問題 ──────── 33 ページ

1 (1) $x=1$　　(2) $x=5$
(3) $x=-2$　　(4) $x=4$
(5) $x=-10$　　(6) $x=-3$
(7) $x=8$　　(8) $x=6$

2 (1) $x=4$ (2) $x=5$

   (3) $x=-2$ (4) $x=4$

   (5) $x=-9$ (6) $x=2$

   (7) $x=-3$ (8) $x=-5$

3 (1) $x=2$ (2) $x=-3$

練習問題の解説

2 (7) 両辺を 100 倍して，$6x-4=10x+8$

$$6x-10x=8+4$$
$$-4x=12$$
$$x=-3$$

   (8) 両辺を 100 倍して，$15x-24=76+35x$

$$15x-35x=76+24$$
$$-20x=100$$
$$x=-5$$

3 (1) 両辺を 10 倍して，$2(x+2)-6=x$

$$2x+4-6=x$$
$$2x-2=x$$
$$2x-x=2$$
$$x=2$$

   (2) 両辺を 10 倍して，$3x-16=5(x-2)$

$$3x-16=5x-10$$
$$3x-5x=-10+16$$
$$-2x=6x$$
$$x=-3$$

3　1次方程式③

確認問題 —————————— 34 ページ

1 (1) $x=4$ (2) $x=3$

   (3) $x=-6$ (4) $x=24$

2 (1) $x=2$ (2) $x=3$

   (3) $x=10$ (4) $x=40$

   (5) $x=2$ (6) $x=15$

練習問題 —————————— 35 ページ

1 (1) $x=30$ (2) $x=-10$

   (3) $x=12$ (4) $x=8$

   (5) $x=2$ (6) $x=11$

   (7) $x=1$ (8) $x=7$

2 (1) $x=7$ (2) $x=10$

   (3) $x=4$ (4) $x=2$

   (5) $x=8$ (6) $x=5$

3 (1) $a=4$ (2) $a=3$

練習問題の解説

1 (6) 両辺を 6 倍して，$3(x-3)=2(x+1)$

$$3x-9=2x+2$$
$$3x-2x=2+9$$
$$x=11$$

   (7) 両辺を 10 倍して，$5(3x-1)-6=4x$

$$15x-5-6=4x$$
$$15x-11=4x$$
$$15x-4x=11$$
$$11x=11$$
$$x=1$$

   (8) 両辺を 6 倍して，

$$3(3-x)-2(2x-5)=-30$$
$$9-3x-4x+10=-30$$
$$19-7x=-30$$
$$-7x=-30-19$$
$$-7x=-49$$
$$x=7$$

2 (3) $(x-1):2=12:8$ $(x-1)\times 8=2\times 12$

    $8x-8=24$ $8x=24+8$ $8x=32$ $x=4$

   (6) $(x-1):(2x+1)=4:11$

    $(x-1)\times 11=(2x+1)\times 4$ $11x-11=8x+4$

    $11x-8x=4+11$ $3x=15$ $x=5$

3 (1) $ax-2=2x+a$ に $x=3$ を代入すると，

    $3a-2=6+a$ $3a-a=6+2$ $2a=8$ $a=4$

   (2) $\dfrac{x-2a}{2}=a-x$ に $x=4$ を代入すると，

    $\dfrac{4-2a}{2}=a-4$

    両辺を 2 倍すると，

    $4-2a=2a-8$ $-2a-2a=-8-4$

    $-4a=-12$ $a=3$

4　1次方程式の利用①

確認問題 —————————— 36 ページ

1 (1) $40x+300=620$

   (2) 8 個

2 (1) $3x+12=4x-4$

   (2) 子ども 16 人，鉛筆 60 本

3 (1) $5x-90=4x+150$

   (2) ケーキ 240 円，

      持っていた金額 1110 円

1 (1) $80x+100(15-x)=1320$

(2) 鉛筆 9 本，ボールペン 6 本

2 なし 4 個，りんご 6 個

3 (1) $5x-15=3x+31$

(2) 子ども 23 人，みかん 100 個

4 生徒 35 人，画用紙 360 枚

練習問題の解説

1 (1) 鉛筆とボールペンは合わせて 15 本なので，鉛筆を x 本とすると，ボールペンは $15-x$（本）よって，代金の合計は，$80x+100(15-x)$（円）となるから，$80x+100(15-x)=1320$

2 なしとりんごは合わせて 10 個なので，実際に買ったなしを x 個とすると，りんごは $10-x$（個）よって，代金の合計は，$110x+150(10-x)$（円）となる。$110x+150(10-x)=1340$
$110x+1500-150x=1340$
$-40x=1340-1500$　$-40x=-160$　$x=4$
なしは 4 個，りんごは，$10-4=6$（個）

3 (1) 子どもの人数を x 人とすると，1 人に 5 個ずつ配るときのみかんの個数は，$5x-15$（個），1 人に 3 個ずつ配るときのみかんの個数は，$3x+31$（個）と表されるので，$5x-15=3x+31$

4 生徒の人数を x 人とすると，1 人に 12 枚ずつ配るときの画用紙の枚数は，$12x-60$（枚），1 人に 9 枚ずつ配るときの画用紙の枚数は，$9x+45$（枚）と表される。$12x-60=9x+45$
$12x-9x=45+60$　$3x=105$　$x=35$
生徒は 35 人，画用紙は，$12×35-60=360$（枚）

5　1 次方程式の利用②

1 (1) $60x+80(18-x)=1200$

(2) 720m

2 200 個

3 180 本

1 (1) $\dfrac{x}{40}+\dfrac{x}{80}=120$　　(2) 3200m

2 1440m

3 11 分後

4 6 個

5 姉 45 枚，妹 75 枚

練習問題の解説

1 (1) 時間＝$\dfrac{\text{道のり}}{\text{速さ}}$ より，山のふもとから頂上までを xm とすると，のぼりにかかった時間は $\dfrac{x}{40}$ 分，下りにかかった時間は $\dfrac{x}{80}$ 分と表される。2 時間は 120 分なので，$\dfrac{x}{40}+\dfrac{x}{80}=120$

2 ある人の家と駅の間の道のりを xm とすると，行きにかかった時間は $\dfrac{x}{80}$ 分，帰りにかかった時間は $\dfrac{x}{60}$ 分と表される。帰りの方が行きより 6 分多くかかっているので，$\dfrac{x}{60}=\dfrac{x}{80}+6$
両辺を 240 倍すると，　$4x=3x+1440$
$4x-3x=1440$　$x=1440$

3 兄が家を出発してから x 分後に弟に追いつくとすると，兄が進んだ道のりは $75x$m と表される。弟は兄より 4 分前に出発しているので，弟が進んだ時間は $x+4$（分），弟が進んだ道のりは $55(x+4)$m なので，$75x=55(x+4)$
$75x=55x+220$　$75x-55x=220$
$20x=220$　$x=11$

4 A の箱から B の箱へ移したボールの個数を x 個とすると，移したあとのボールの個数は，A の箱が $36-x$（個），B の箱が $36+x$（個）と表される。$(36-x):(36+x)=5:7$
$(36-x)×7=(36+x)×5$
$252-7x=180+5x$　$-7x-5x=180-252$
$-12x=-72$　$x=6$

5 姉の枚数を x 枚とすると，妹の枚数は $120-x$（枚）だから，$x:(120-x)=3:5$
$x×5=(120-x)×3$　$5x=360-3x$
$5x+3x=360$　$8x=360$　$x=45$
よって，姉は 45 枚，妹は $120-45=75$（枚）
（別解）姉の枚数を x 枚とする。姉と妹の枚数の比が 3：5 なので，全体の枚数は 8 となる。よって，$x:120=3:8$　$x×8=120×3$
$8x=360$　$x=45$

第4章　比例と反比例

1　関数

確認問題 ──────── 40 ページ

1 (1)ア　120　　イ　200　　ウ　240
　(2)　いえる　　　　(3)　$120 \leq y \leq 280$

2 ア，イ

練習問題 ──────── 41 ページ

1 (1)　いえる　　　　(2)　$3 \leq y \leq 12$
2 ア，ウ，エ
3 (1)　いえる　　　　(2)　$y = 5x + 30$
　(3)　$y = 50$　　　　(4)　$x = 18$
　(5)　$0 \leq x \leq 30$　　(6)　$30 \leq y \leq 180$

練習問題の解説

1 (3)　$y = 5x + 30$ に $x = 4$ を代入して，
　　　$y = 5 \times 4 + 30 = 50$
　(4)　$y = 5x + 30$ に $y = 120$ を代入して，
　　　$120 = 5x + 30$, $5x = 90$, $x = 18$
　(5)　水そうがいっぱいになるのは，$y = 180$ の
　　　ときで，$180 = 5x + 30$, $5x = 150$, $x = 30$
　　　よって，x の変域は，$0 \leq x \leq 30$

2　比例

確認問題 ──────── 42 ページ

1 (1)　ア　-2　　イ　4　　ウ　6
　(2)　2　　　　　(3)　$y = 2x$
2 (1)　$y = 4x$　　　(2)　$y = -8$

練習問題 ──────── 43 ページ

1 (1)　-2　　　　(2)　$y = -2x$
2 (1)　$y = 5x$　　　(2)　$y = 20$
3 (1)　$y = \dfrac{2}{3}x$　　(2)　$y = -2$
　(3)　$x = -9$　　　(4)　$2 \leq y \leq 6$

練習問題の解説

3 (1)　比例の関係を表す式は $y = ax$ と表されるの
　　　で，これに $x = 6$, $y = 4$ を代入して，
　　　$4 = 6a$　よって，$a = \dfrac{2}{3}$ より，$y = \dfrac{2}{3}x$
　(2)　$y = \dfrac{2}{3}x$ に $x = -3$ を代入して，
　　　$y = \dfrac{2}{3} \times (-3) = -2$
　(3)　$y = \dfrac{2}{3}x$ に $y = -6$ を代入して，$-6 = \dfrac{2}{3}x$

　　　よって，$x = -9$
　(4)　$y = \dfrac{2}{3}x$ に $x = 3$, $x = 9$ をそれぞれ代入し
　　　て，$y = \dfrac{2}{3} \times 3 = 2$, $y = \dfrac{2}{3} \times 9 = 6$
　　　よって，$2 \leq y \leq 6$

3　座標，比例のグラフ

確認問題 ──────── 44 ページ

1 (1)(3)

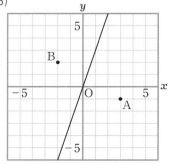

(2)

x	…	-2	-1	0	1	2	…
y	…	-6	-3	0	3	6	…

2 (1)　$(1, -2)$　　(2)　$y = -2x$

練習問題 ──────── 45 ページ

1 (1)　A $(-4, 2)$　　B $(4, 0)$
(2)

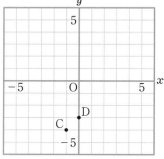

2

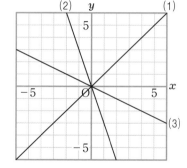

8

3 (1) $y=-x$　(2) $y=\dfrac{3}{2}x$　(3) $y=\dfrac{1}{3}x$

4 (1) $y=\dfrac{1}{2}x$　　　　(2) -2

練習問題の解説

2 (1) 原点以外に, 点$(-6, -6)$, $(-5, -5)$, $\cdots$, $(5, 5)$, $(6, 6)$ を通る。

(2) 原点以外に, 点$(-2, 6)$, $(-1, 3)$, $(1, -3)$, $(2, -6)$ を通る。

(3) 原点以外に, 点$(-6, 3)$, $(-4, 2)$, $(-2, 1)$, $(2, -1)$, $(4, -2)$, $(6, -3)$ を通る。

3 (1) 点$(6, -6)$を通っているので, $-6=6a$ より, $a=-1$　よって, $y=-x$

(2) 点$(2, 3)$を通っているので, $3=2a$ より, $a=\dfrac{3}{2}$　よって, $y=\dfrac{3}{2}x$

(3) 点$(6, 2)$を通っているので, $2=6a$ より, $a=\dfrac{1}{3}$　よって, $y=\dfrac{1}{3}x$

4 (1) 点$(8, 4)$を通っているので, $4=8a$ より, $a=\dfrac{1}{2}$　よって, $y=\dfrac{1}{2}x$

(2) $y=\dfrac{1}{2}x$に$x=-4$を代入して, $y=\dfrac{1}{2}\times(-4)=-2$

よって, 点Bのy座標は-2

4　反比例

確認問題　────────── 46 ページ

1 (1)ア　-6　　イ　12　　ウ　4

(2) 12　　　　　　(3) $y=\dfrac{12}{x}$

2 (1) $y=-\dfrac{6}{x}$　　　　(2) $y=\dfrac{3}{2}$

練習問題　────────── 47 ページ

1 (1) 24　　　　　　(2) $y=\dfrac{24}{x}$

2 (1) $y=-\dfrac{15}{x}$　　　　(2) $y=-12$

3 (1) $y=\dfrac{30}{x}$　　　　(2) $y=-6$

(3) $x=\dfrac{15}{2}$　　　　(4) $5\leqq y\leqq 15$

練習問題の解説

2 反比例の関係は, $y=\dfrac{a}{x}$と表される。

(1) $y=\dfrac{a}{x}$に$x=3$, $y=-5$を代入して,

$-5=\dfrac{a}{3}$　よって, $a=-15$より, $y=-\dfrac{15}{x}$

(2) $y=\dfrac{a}{x}$に$x=-6$, $y=8$を代入して,

$8=-\dfrac{a}{6}$　よって, $a=-48$より, $y=-\dfrac{48}{x}$

$y=-\dfrac{48}{x}$に$x=4$を代入して, $y=-\dfrac{48}{4}=-12$

3 (1) $y=\dfrac{a}{x}$に$x=9$, $y=\dfrac{10}{3}$を代入して,

$\dfrac{10}{3}=\dfrac{a}{9}$　よって, $a=30$より, $y=\dfrac{30}{x}$

(2) $y=\dfrac{30}{x}$に$x=-5$を代入して,

$y=-\dfrac{30}{5}=-6$

(3) $y=\dfrac{30}{x}$に$y=4$を代入して, $4=\dfrac{30}{x}$

よって, $x=\dfrac{15}{2}$

(4) $x=2$のとき, $y=\dfrac{30}{2}=15$, $x=6$のとき,

$y=\dfrac{30}{6}=5$　よって, yの変域は, $5\leqq y\leqq 15$

5　反比例のグラフ

確認問題　────────── 48 ページ

1 (1)

x	$\cdots$	-6	-5	-4	-3	-2	-1
y	$\cdots$	-1	-1.2	-1.5	-2	-3	-6

0	1	2	3	4	5	6	$\cdots$
$\times$	6	3	2	1.5	1.2	1	$\cdots$

(2)

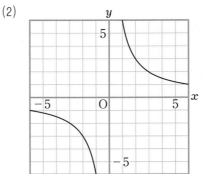

2 (1) $(4, -3)$　　　　(2) $y=-\dfrac{12}{x}$

1 (1)

x	$\cdots$	-3	-2	-1	0
y	$\cdots$	8	12	24	$\times$

1	2	3	4	6	12	$\cdots$
-24	-12	-8	-6	-4	-2	$\cdots$

(2)

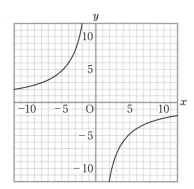

2

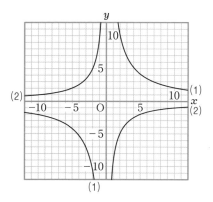

3 (1) $y=\dfrac{30}{x}$　　(2) $y=-\dfrac{60}{x}$

4 (1) $y=\dfrac{50}{x}$　　(2) $-10\leqq y\leqq-\dfrac{25}{4}$

練習問題の解説

2 (1) 点$(-7, -3)$, $(-3, -7)$, $(3, 7)$, $(7, 3)$
を通る。

(2) 点$(-10, 1)$, $(-5, 2)$, $(-2, 5)$,
$(-1, 10)$, $(1, -10)$, $(2, -5)$, $(5, -2)$,
$(10, -1)$ を通る。

3 (1) 点$(5, 6)$を通っているので, $y=\dfrac{a}{x}$に

$x=5$, $y=6$を代入して, $6=\dfrac{a}{5}$より,

$a=30$　よって, $y=\dfrac{30}{x}$

(2) 点$(6, -10)$を通っているので, $y=\dfrac{a}{x}$に

$x=6$, $y=-10$を代入して, $-10=\dfrac{a}{6}$より,

$a=-60$　よって, $y=-\dfrac{60}{x}$

4 (1) $y=\dfrac{a}{x}$に$x=6$, $y=\dfrac{25}{3}$を代入して,

$\dfrac{25}{3}=\dfrac{a}{6}$より, $a=50$　よって, $y=\dfrac{50}{x}$

(2) $y=\dfrac{50}{x}$に$x=-8$, $x=-5$をそれぞれ代入

して, $y=-\dfrac{50}{8}=-\dfrac{25}{4}$, $y=-\dfrac{50}{5}=-10$

よって, y の変域は, $-10\leqq y\leqq-\dfrac{25}{4}$

6　比例と反比例の利用

1 比例　イ, カ　　　反比例　ア, オ

2 (1) 分速80m　　(2) 480m

(3) 1200m

1 (1) $y=\dfrac{1800}{x}$　　(2) $y=24$

2 (1) $y=3x$　　(2) $0\leqq x\leqq6$

(3)

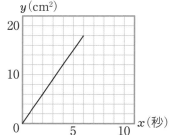

3 (1) $y=\dfrac{2}{3}x$　　(2) -4

(3) $y=\dfrac{24}{x}$

練習問題の解説

2 (1) 点Pが出発してからx秒後, BP$=x$cm,
AB$=6$cmなので, 三角形 ABP の面積は,
$\dfrac{1}{2}\times x\times6=3x$(cm^2)　よって, $y=3x$

(2) 点Pが頂点 C に達するのは, 出発してから,
$6\div1=6$(秒後)　よって, xの変域は, $0\leqq x\leqq6$

(3) $x=6$のとき, $y=3\times6=18$なので, 原点
と点$(6, 18)$を結ぶ直線になる。

3 (1) $y=ax$に$x=9$, $y=6$を代入して, $6=9a$
よって, $a=\dfrac{2}{3}$より, $y=\dfrac{2}{3}x$

(2) $y=\dfrac{2}{3}x$に$x=-6$を代入して,

$y=\dfrac{2}{3}\times(-6)=-4$

(3) 曲線 m は反比例のグラフなので，その式は $y=\dfrac{a}{x}$ とおける。点 B はこの曲線上の点なので，この式に $x=-6$，$y=-4$ を代入して，$-4=-\dfrac{a}{6}$　よって，$a=24$ より，$y=\dfrac{24}{x}$

第5章　平面図形

1　図形の移動①

確認問題 ──────── 52 ページ

1

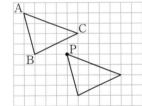

2 (1)　エ　　　　　　(2)　イ

練習問題 ──────── 53 ページ

1 (1)

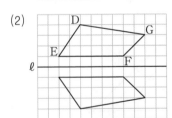

(2)

2 (1)　点Q　　　　　(2)　辺PR
(3)　AP∥BQ　　　(4)　BC＝QR
3 (1)　点F　　　　　(2)　辺HE
(3)　AE⊥ℓ　　　　(4)　CM＝GM

練習問題の解説

2 (3)　平行移動では，対応する2点を結ぶ線分は
それぞれ平行なので，AP∥BQ
(4)　辺BCと辺QRは対応する辺なので，
BC＝QR
3 (3)　対称移動では，対応する2点を結ぶ線分は，
対称の軸と垂直に交わるので，AE⊥ℓ
(4)　対称移動では，対応する2点を結ぶ線分は，
対称の軸によって2等分されるので，
CM＝GM

2　図形の移動②

確認問題 ──────── 54 ページ

1 (1)　72°　　　　　(2)　∠BOD
2 (1)

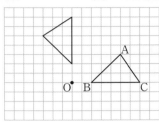

(2)

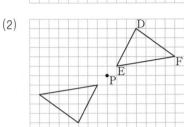

練習問題 ──────── 55 ページ

1 (1)　点R　　(2)　辺AB　　(3)　∠QPR
(4)　線分 OQ　　(5)　60°
2 (1)　△CQR　　　　(2)　△ORS
(3)　△BQP　　　　(4)　△OQR
(5)　△CRQ，△OSP

練習問題の解説

2 (5)　△APS を，点 O を回転の中心として180°
回転移動すると，△CRQ になる。また，△
APS を，PS のまん中の点を回転の中心とし
て180°回転移動すると，△OSP となる。

3　円とおうぎ形

確認問題 ──────── 56 ページ

1 (1)　弧AB　$\overset{\frown}{AB}$　　(2)　弦AB
2 (1)　弧の長さ 2πcm，　面積 6πcm²
(2)　弧の長さ 2πcm，　面積 4πcm²
(3)　弧の長さ 8πcm，　面積 48πcm²
(4)　弧の長さ 3πcm，　面積 27πcm²

練習問題 ──────── 57 ページ

1 (1)　弧の長さ 3πcm，　面積 3πcm²
(2)　弧の長さ 2πcm，　面積 5πcm²
(3)　弧の長さ πcm，　面積 6πcm²
(4)　弧の長さ 2πcm，　面積 8πcm²
(5)　弧の長さ 2πcm，　面積 10πcm²

(6) 弧の長さ　12πcm，面積　54πcm²

(7) 弧の長さ　25πcm，面積　250πcm²

(8) 弧の長さ　4πcm，　面積　9πcm²

2 (1) 120°　(2) 60°　(3) 40°

3 54πcm²

練習問題の解説

2 おうぎ形の半径を r，中心角を $x°$ とすると，弧の長さは，$2\pi r \times \dfrac{x}{360}$，面積は，$\pi r^2 \times \dfrac{x}{360}$ である。

(1) $2\pi \times 6 \times \dfrac{x}{360} = 4\pi$　両辺をπでわると，

$2 \times 6 \times \dfrac{x}{360} = 4$，$\dfrac{x}{30} = 4$，$x = 120$

(2) $2\pi \times 15 \times \dfrac{x}{360} = 5\pi$，$2 \times 15 \times \dfrac{x}{360} = 5$，

$\dfrac{x}{12} = 5$，$x = 60$

(3) $\pi \times 9^2 \times \dfrac{x}{360} = 9\pi$，$81 \times \dfrac{x}{360} = 9$　両辺を 360 倍すると，$81x = 3240$，$x = 40$

3 中心角を $x°$ とすると，$2\pi \times 12 \times \dfrac{x}{360} = 9\pi$，

$2 \times 12 \times \dfrac{x}{360} = 9$，$\dfrac{x}{15} = 9$，$x = 135$　よって，

面積は，$\pi \times 12^2 \times \dfrac{135}{360} = 144\pi \times \dfrac{3}{8} = 54\pi$（cm²）

４　作図①

確認問題 ——————— 58 ページ

1 (1)
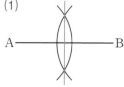

(2)
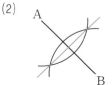

2 (1)
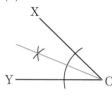

(2)
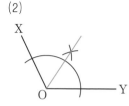

練習問題 ——————— 59 ページ

1 (1)
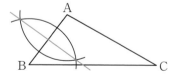

(2)
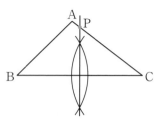

(3)
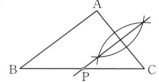

(4)
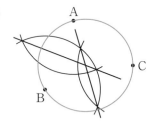

(5)
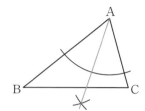

(6)
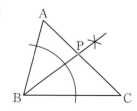

2
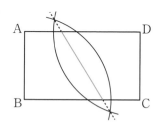

練習問題の解説

1 (3)　2 点 A，C からの距離が等しい点なので，線分 AC の垂直二等分線上にある。

(4)　求める円の中心は，3 点 A，B，C から等しい距離にあるので，線分 AB，BC，CA のうち，いずれか 2 つの線分の垂直二等分線の交点を中心とすればよい。

(6) 辺AB，BCからの距離が等しい点なので，
∠ABCの二等分線上にある。

2 折り返したときに点Bと点Dが重なるので，
折り目の線分は，線分BDの垂直二等分線になる。

5 作図②

確認問題 ———— 60ページ

1 (1)

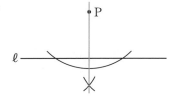

(2)

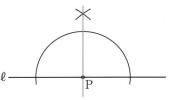

(3)

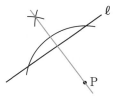

(4)

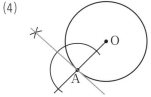

練習問題 ———— 61ページ

1 (1)

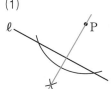

(2)

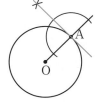

(3)

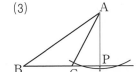

(4)

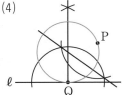

(5)

(6)

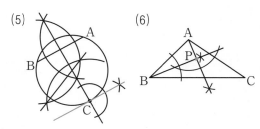

2 (1)

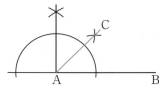

(2)

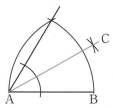

練習問題の解説

1 (3) 高さを表す線分は底辺に垂直だから，点A
から辺BCの延長に垂線をひく。

(4) 求める円の点Qを通る半径は直線ℓに垂
直だから，円の中心は，Qを通る直線ℓの垂
線上にある。また，求める円が点P，Qを通
ることから，円の中心は線分PQの垂直二等
分線上にある。

(6) 求める点は，辺AB，BCから等距離にあ
るので，∠ABCの二等分線上にある。また，
求める点は頂点Aに最も近いので，Aから∠
ABCの二等分線に垂線をひき，交わった点
をPとすればよい。

2 (1) 点Aを通る線分ABの垂線をひき，できた
直角の二等分線をひく。

(2) 点A，Bをそれぞれ
中心として，線分AB
を半径とする円をかき，
交点の1つをPとす
ると，△PABは正三
角形となるから，∠PABの二等分線をひく。

13

1　いろいろな立体

確認問題　──────── 62 ページ

1　(1)ア　円柱　　　　イ　四角柱
　　ウ　三角錐　　エ　円錐
　(2)　イ，ウ
2　(1)　正十二面体　　(2)　正二十面体
　(3)　正八面体

練習問題　──────── 63 ページ

1
	底面の形	底面の数	側面の形	側面の数	頂点の数	辺の数
三角柱	三角形	2	長方形	3	6	9
四角柱	四角形	2	長方形	4	8	12
三角錐	三角形	1	三角形	3	4	6
四角錐	四角形	1	三角形	4	5	8
円柱	円	2	長方形	1		
円錐	円	1	おうぎ形	1	1	

2
	面の形	面の数	頂点の数	辺の数
正四面体	正三角形	4	4	6
正六面体	正方形	6	8	12
正八面体	正三角形	8	6	12
正十二面体	正五角形	12	20	30

3　(1)　20, 3×20, 60, 5, 5, 60÷5, 12
　(2)　3×20, 60, 2, 60÷2, 30

2　空間内の平面と直線

確認問題　──────── 64 ページ

1　(1)①　辺 DC, EF, HG
　　②　辺 AD, AE, BC, BF
　　③　辺 CG, DH, EH, FG
　(2)①　面 EFGH
　　②　面 BFGC, CGHD, DHEA,
　　　AEFB
2　(1)　面 DEF　(2)　面 ABC, DEF
　(3)　辺 DE, EF, FD
　(4)　辺 CF　(5)　辺 AD, BE, CF

練習問題　──────── 65 ページ

1　(1)①　辺 AB, AF, GH, GL
　　②　辺 GH, ED, KJ
　　③　面 AGLF, GHIJKL
　　④　面 ABCDEF, GHIJKL
　(2)　辺 CD, DE, EF, FA, IJ, JK, KL,
　LG
　(3)　6

2　(1)　辺 AC, AD, AE, BC, BE
　(2)　辺 BC, BE　(3)　辺 AD, AE
3　(1)　ウ, オ　(2)　ア, イ　(3)　ア, ウ

練習問題の解説

3　展開図を組み立てると，
　右のようになる。

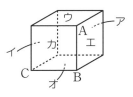

3　回転体

確認問題　──────── 66 ページ

1　(1)　円柱　　　(2)　五角柱
2　(1)　円柱　　(2)　円錐　　(3)　球
3

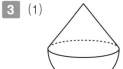

練習問題　──────── 67 ページ

1　(1)　四角柱　(2)　円柱　　(3)　円錐
2　(1)　円柱　　(2)　円　　(3)　長方形
3　(1)　　　　　　　　　(2)

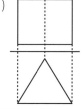 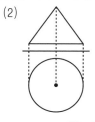

4　投影図

確認問題　──────── 68 ページ

1　(1)　四角錐　(2)　四角柱　(3)　三角錐
2　(1)　　　　　　　　(2)

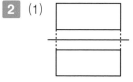

練習問題　──────── 69 ページ

1　(1)　四角錐　(2)　三角柱　(3)　半球
　(4)　円柱　　(5)　五角柱　(6)　正八面体
2　(1)　　　　　　　　(2)

3 (1) 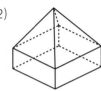 (2)

5 立体の表面積と体積①

1 (1) 128cm^2 (2) 108cm^2
(3) $192\pi\text{cm}^2$ (4) $72\pi\text{cm}^2$

2 (1) 360cm^2 (2) $48\pi\text{cm}^2$

1 (1) $150\pi\text{cm}^2$ (2) $176\pi\text{cm}^2$
(3) $144\pi\text{cm}^2$ (4) $20\pi\text{cm}^2$
(5) 150cm^2 (6) $21\pi\text{cm}^2$
(7) 188cm^2 (8) $22\pi+36(\text{cm}^2)$
(9) 1120cm^2 (10) $144\pi\text{cm}^2$

練習問題の解説

1 (3) 側面のおうぎ形の中心角を $x°$ とすると，

$2\pi\times18\times\dfrac{x}{360}=2\pi\times6$, $x=120$　表面積は，

$\pi\times6^2+\pi\times18^2\times\dfrac{120}{360}=144\pi(\text{cm}^2)$

(7) $7\times5\times4+\dfrac{1}{2}\times8\times6\times2=188(\text{cm}^2)$

(8) $\pi\times2^2\times\dfrac{1}{2}\times2+9\times2\pi\times2\times\dfrac{1}{2}+9\times2\times2$
$=4\pi+18\pi+36=22\pi+36(\text{cm}^2)$

(9) $16\times16+6\times16\times4+\dfrac{1}{2}\times16\times15\times4$
$=1120(\text{cm}^2)$

(10) 円錐の部分の側面のおうぎ形の中心角を $x°$
とすると，$2\pi\times10\times\dfrac{x}{360}=2\pi\times6$, $x=216$
表面積は，$\pi\times6^2+4\times2\pi\times6+\pi\times10^2\times$
$\dfrac{216}{360}=144\pi(\text{cm}^2)$

6 立体の表面積と体積②

1 (1) 128cm^3 (2) $45\pi\text{cm}^3$

2 (1) 60cm^3 (2) $48\pi\text{cm}^3$
(3) $192\pi\text{cm}^3$

3 (1) 表面積 $144\pi\text{cm}^2$, 体積 $288\pi\text{cm}^3$
(2) 表面積 $16\pi\text{cm}^2$, 体積 $\dfrac{32}{3}\pi\text{cm}^3$

1 (1) $150\pi\text{cm}^3$ (2) $16\pi\text{cm}^3$
(3) 72cm^3 (4) $\dfrac{500}{3}\text{cm}^3$
(5) 165cm^3 (6) $80\pi\text{cm}^3$
(7) $800\pi\text{cm}^3$ (8) $96\pi\text{cm}^3$

2 (1) 表面積 $243\pi\text{cm}^2$, 体積 $486\pi\text{cm}^3$
(2) 表面積 $18\pi\text{cm}^2$, 体積 $9\pi\text{cm}^3$

練習問題の解説

1 (6) $\dfrac{1}{3}\times\pi\times4^2\times6+\pi\times4^2\times3=80\pi(\text{cm}^3)$

(7) $\dfrac{1}{3}\times\pi\times10^2\times15+\dfrac{1}{3}\times\pi\times10^2\times9$
$=800\pi(\text{cm}^3)$

(8) $\pi\times4^2\times8-\dfrac{1}{3}\times\pi\times4^2\times6=96\pi(\text{cm}^3)$

2 (1) 表面積は，半径が 9cm の球の表面積の半
分と，半径が 9cm の円の面積の和になるから，
$4\pi\times9^2\times\dfrac{1}{2}+\pi\times9^2=243\pi(\text{cm}^2)$

(2) 表面積は，半径が 3cm の球の表面積の $\dfrac{1}{4}$
と，半径が 3cm の 2 つの半円の面積の和に
なるから，$4\pi\times3^2\times\dfrac{1}{4}+\pi\times3^2\times\dfrac{1}{2}\times2$
$=18\pi(\text{cm}^2)$

第7章 データの整理と活用

1 データの分布を表す表

1 平均値 6 点　中央値 6 点
最頻値 7 点　範囲 6 点

2 (1) 22.5m

(2)

階級(m)		度数(人)
以上　　未満		
15 ～ 20		1
20 ～ 25		4
25 ～ 30		6
30 ～ 35		4
35 ～ 40		2
40 ～ 45		1
計		18

1 中央値 17 分　最頻値 15 分　範囲 31 分

2 (1)　5kg　　(2)　25kg 以上 30kg 未満

　　(3)　30kg 以上 35kg 未満

3 (1)　5 冊　　(2)ア　5　　イ　11

練習問題の解説

2 (3)　25 人なので, 握力が弱い方から 13 番目の
　　　記録を考える。30kg 未満は, 4＋4＝8(人)
　　　35kg 未満は, 8＋8＝16(人)
　　　よって, 13 番目の記録は 30kg 以上35kg 未
　　　満の階級にふくまれる。

3 (2)　2＋ア＝7(人)なので, アは5である。
　　　2＋5＋イ＋7＋6＋4＝35(人)なので,
　　　イは11 である。

2　データの分布を表すグラフ

1

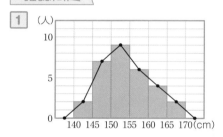

2 ア　0.30　　イ　0.45　　ウ　25

　エ　0.36　　オ　0.20

1

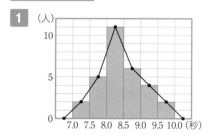

2 (1)　4 人　　(2)　14 人

　　(3)　8.0 秒以上 8.5 秒未満

3 (1)　120 分以上 150 分未満　(2)　1 組

3　累積度数と確率

1 (1)

階級(分)	度数(日)	累積度数(日)
以上　未満		
0 ～ 15	8	8
15 ～ 30	16	24
30 ～ 45	20	44
45 ～ 60	11	55
60 ～	5	60
計	60	

(2)　44日

2 (1)　0.17　　(2)　0.17

1 (1)

階級(分)	度数(日)	累積度数	累積相対度数
以上　未満			
0 ～ 15	5	5	0.1
15 ～ 30	9	14	0.28
30 ～ 45	14	28	0.56
45 ～ 60	10	38	0.76
60 ～ 75	8	46	0.92
75 ～ 90	4	50	1
計	50		

(2)　38日　(3)　28 %

2 (1)　100人のとき0.64, 300人のとき0.69

　　(2)　0.69

3 ア, ウ, エ

練習問題の解説

2 (1)　100 人のときの割合：64÷100＝0.64
　　　300 人のときの割合：207÷300 = 0.69

　(2)　700 人と 1000 人のときのデータでも割合を
　　　計算してみると
　　　700 人のときの割合：482÷700＝0.6885…
　　　1000 人のときの割合：688÷1000＝0,688
　　　よって, 四捨五入するとどちらも 0.69 なので,
　　　0.69 に近づいていく。

3 ア A 組の 4 時間未満の累積相対度数は 0.5 なの
　　　で 30×0.5＝15(人)よって, 正しい。

　　イ B 組の 4 時間未満の累積相対度数は 0.4 なの
　　　で 40×0.4＝16(人)
　　　A 組は 15 人であったから B 組の方が多い。
　　　よって, 正しくない。

　　ウ どちらの組も 6 時間未満の累積相対度数が
　　　0.6 なので割合は等しい。 よって, 正しい。

　　エ A組の 8 時間未満の累積相対度数が 1 なので
　　　8 時間未満に全員が含まれる。つまり 8 時間
　　　以上 10 時間未満の生徒はいない。よって正
　　　しい。